엄마,
이것도 몰라?

엄마, 이것도 몰라?

초판 1쇄 발행 2017년 11월 6일

지은이 권귀석
펴낸이 장길수
펴낸곳 지식과감성#
출판등록 제2012-000081호

디자인 최예슬
편집 이현, 이다래
교정 정혜나
마케팅 고은빛, 윤석영

주소 서울시 금천구 가산동 60-5 갑을그레이트밸리 B동 507호
전화 070-4651-3730~4
팩스 070-4325-7006
이메일 ksbookup@naver.com
홈페이지 www.knsbookup.com

ISBN 979-11-5961-897-0(03590)
값 14,000원

ⓒ 권귀석 2017 Printed in Korea

잘못된 책은 구입하신 곳에서 바꾸어 드립니다.
이 책의 전부 또는 일부 내용을 재사용하려면 사전에 저작권자와 펴낸곳의 동의를 받아야 합니다.

이 도서의 국립중앙도서관 출판예정도서목록(CIP)은 서지정보유통지원시스템
홈페이지(http://seoji.nl.go.kr)와 국가자료공동목록시스템(http://www.nl.go.kr/kolisnet)에서
이용하실 수 있습니다. (CIP제어번호 : CIP2017028695)

홈페이지 바로가기

우리 아이 창의력을 길러주기 위한 엄마의 과학 필수상식

엄마, 이것도 몰라?

| 권귀석 지음 |

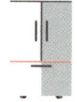    

엄마, 이것도 알아요?!
하루 **10분**으로
엄마가 달라지면,
우리 아이 ~~10년~~이 달라진다!
인생

생활 과학편

초등학생 엄마용

들어가며

> "창의성이란 그냥 사물들을 연결하는 것입니다
> (Creativity is just connecting things)."
> – 스티브 잡스

머리 좋은 아이...

네. 솔직히 '머리'는 타고나는 것 같습니다. 주변을 둘러보아도, 최근 급격히 발전한 뇌과학이나 유전학을 살펴보아도 그렇습니다. 운동을 잘하는 것도, 노래를 잘하는 것도 후천적인 노력도 중요하지만 타고 나야 하듯이 공부로 대표되는 '머리' 역시 상당 부분 유전의 지배를 받습니다.

이 책의 부제는 '우리 아이 창의력을 길러주기 위한 엄마의 과학 필수상식'입니다. 머리가 창의력 아닌가? 머리 좋은 애들이 반짝반짝하고, 문제해결 능력이 있고, 새로운 아이디어를 내는 것 아닌가? 그런데 머리는 타고나는 것이라면서, 창의력을 길러준다고? 그것도 엄마가?

그런데 우리 좀 살펴볼까요? 세계적으로 창의성이 높은 기업하면 가장 먼저 떠오르는 회사 중 하나가 '애플'일 겁니다. 아이폰, 아이패드 같은 혁신적인 제품을 만들어 내었기 때문이죠. 그런데 사실 애플의 아이폰, 아이패드는 기존에 없던 완전히 새로운 제품이 아닙니다. 스마트폰도, 태블릿PC도 이미 애플이 출시하기 10년 전부터 있었습니다. 그런데 10년이 지나 뒤늦게 나타난 아이폰이 마치 처음 나온 제품처럼 우리들의 생활을 송두리째 바꿔 놓았지요. 어떻게요? 참으로 놀랍게도 기존에 있던 휴대전화와 역시 10년 전부터 나와 있던 터치스크린을 아주 잘 '연결'시켰을 뿐인데 말이지요.

또 다른 사례를 살펴볼까요? 순위를 매기는 알고리즘도, 검색엔진도 기존에 있던 것이었습니다. 평범한 대학생 둘이 이 둘을 잘 조합하여 검색이 잘되도록 한 검색엔진을 개발했습니다. 바로 구글(Google)이지요.

그뿐이겠습니까. 아마도 주변을 돌아보면 학창시절 공부 잘했던 사람보다 더 잘살고 있는 사람을 많이 보실 겁니다. 공부는 아주 잘하지 않았지만 다른 수완이 좋아서, 대인관계가 좋아서요. 그 수완이나 대인관계를 살펴보면 결국 '경험' 또는 '사람'을 잘 '연결'한 경우입니다.

그래서 스티브 잡스는 생전에 어떻게 하면 창의적이게 될 수 있느냐는 질문에 "창의성이란 그냥 사물들을 연결하는 것"이라고 했습니다. 월스트리트저널도 "창의성은 특별한 사람의 유전자에 각인된 초자연적인 힘이 아니라 누구나 배우고 개선할 수 있는 스킬"이라고 제시했습니다('how to be creative', 2012.03.12.).

모든 아이들이 머리가 좋고 공부를 잘할 수는 없습니다. 그러나 모든 아이들이 창의성을 갖게 할 수는 있습니다. 왜냐하면, 창의성이란 서로 다른 것들을 연결하는 것이기 때문입니다.

그러나 지식과 경험이 있다고 연결하는 능력이 생기지는 않습니다. 매우 똑똑함에도 불구하고 넓게 사고하지 못하거나, 연결 짓기보다는 하나만 생각하는 사람을 많이 접합니다. 왜 그럴까요? 연결 짓기란 타고나는 것이 아니라 연결하려고 하는 '습관'이기 때문입니다. 이것이 저것과 이렇게 연결되고, 저것이 그것을 또 이렇게 연결시키는 것을 생각하는 습관.

지식과 경험은 나이 들면서 풍부해지지만, 그것을 연결하는 능력은 '습관'으로 길러져야 합니다.

이러한 연결의 습관을 길러줄 수 있는 최고의 파트너는 과연 누구일까요? 바로 '엄마'입니다. 습관은 어릴 때부터 길러져야 하고, 아이들이 어릴 때 가장 많은 상호작용을 하는 상대가 바로 엄마이기 때문입니다. 본서가 엄마에게 주목한 이유가 바로 여기에 있습니다.

본서는 우리 일상생활 속에서 접하기 쉬운 제품이나 현상으로부터 아이들이 '연결하는 습관' 기르기에 필요한 원리를 설명해나가도록 하였습니다. 수백 명의 엄마와 아이들을 심층 인터뷰한 결과를 바탕으로 관련 분야 전문가들과의 논의를 통한 결과입니다. 생활과학을 주요 소재로 삼아 과학 원리들 간의, 과학기술과 세상의 연결에 본서의 취지가 있습니다.

주변에 본인은 노력하지 않으면서 아이들에게 책을 잔뜩 쥐어주는 부모님을 많이 접합니다. 과연 그러한 부모님 아래 아이들이 똑똑해지고, 창의적이게 될 수 있을까요?

아무쪼록 우리 아이들이 보다 더 연결의 습관을 갖도록 교감하는 부모님들이 되시는데 이 책이 작은 보탬이 되길 바랍니다.

등장인물

엄마 : 기술과 사회에 관심이 많은 엄마. 학창시절 별명이 찢어진 백과사전이었다는 풍문이 있다. 늦둥이 리원이를 두었다.

리원 : 이름이 '원리'와 비슷해서 그런가? 이것저것 과학, 공학 및 주변 사물에 관심이 많은 아들. 똘똘하다.

아빠 : 등장은 하지 않는다. 리원이의 안 좋은 측면이 있을 때 엄마가 '리원이는 아빠를 닮았나 보다'라고 할 때 등장한다. 그래서 자주 등장한다. ???

차례

들어가며 4

01. 엄마, 헤어드라이어에서는 어떻게 뜨거운 바람이 나와요? 10
02. 엄마, 보온병은 어떻게 물을 안 식게 해요? 15
03. 엄마, 전자레인지는 어떻게 음식을 데워요? 24
04. 엄마, 전기레인지는 어떻게 음식을 데워요? 29
05. 엄마, 냉장고는 어떻게 음식을 차갑게 해요? 34
06. 엄마, 터치스크린은 어떻게 동작해요? 41
07. 엄마, 세탁기는 어떻게 빨래를 해요? 47
08. 엄마, 변기는 어떻게 동작해요? 52
09. 엄마, 교통카드는 어떻게 동작해요? 57
10. 엄마, KTX는 어떻게 이렇게 빨리 가요? 63
11. 엄마, 비행기는 어떻게 날아요? 69
12. 엄마, 자동차는 어떻게 가요? 74
13. 엄마, 배는 어떻게 물 위에 떠요? 80
14. 엄마, 헬리콥터는 왜 프로펠러가 2개예요? 87
15. 엄마, 자동차는 어떻게 멈춰요? 93
16. 엄마, 방사능은 왜 위험해요? 100
17. 엄마, 왜 민물고기는 바다에서 못 살고, 바닷물고기는 민물에서 못 살아요? 111
18. 엄마, 차 유리창에 이슬은 왜 맺혀요? 116

19. 엄마, 음주측정기는 어떤 원리로 동작해요? **121**

20. 엄마, 엘리베이터는 어떻게 동작해요? **126**

21. 엄마, 무지개는 왜 떠요? 하늘은 왜 파래요?
노을은 왜 붉어요? **131**

22. 엄마, 선크림은 왜 발라요? **137**

23. 엄마, 리모컨은 어떻게 동작해요? **143**

24. 엄마, 높은 데 올라가면 왜 귀가 먹먹해져요? **148**

25. 엄마, 왜 가을에는 단풍이 들어요? **153**

26. 엄마, 계절은 왜 변해요? **158**

27. 엄마, 카메라는 어떻게 사진을 찍어요? **163**

28. 엄마, 과속 단속 카메라는 어떻게 단속해요? **170**

29. 엄마, 우리 몸의 피는 무슨 일을 해요? **175**

30. 엄마, 혈액형은 왜 생겨요? **182**

31. 엄마, 비누는 어떻게 때를 벗겨요? **189**

32. 엄마, 왜 물은 얼면 부피가 커져요?
(날씨가 추우면 왜 수도계량기가 터져요?) **194**

33. 엄마, 왜 가끔 스피커에서 '삐익' 소리가 나요? **200**

참고문헌 205

01.
엄마, 헤어드라이어에서는
어떻게 뜨거운 바람이 나와요?

🧑‍🦰 리원아, 우리 오늘 엄마 출장 따라서 여행 가잖아. 빨리 씻고 밥 먹을 준비해야지?

🧒 알았어요. 그런데 엄마 그렇게 머리 날리시니깐 신화에 나오는 여신 같아요.

🧑‍🦰 그렇지? 누구? 아프로디테?

🧒 음... 메두사...?

🧑‍🦰 이 녀석이~!

🧒 앗 뜨거워. 그런데, 엄마. 헤어드라이어에서는 어떻게 이렇게 뜨거운 바람이 나와요?

🧑‍🦰 일단 찬 바람이 나오는 건 선풍기 하고 비슷해. 선풍기 알지?

🧒 네. 선풍기에는 날개가 있어서 그게 돌아서 바람이 나오죠.

🧑‍🦰 맞아. 선풍기는 주변의 공기를 빨아들여서 앞으로 보내주는 거야. 그런데 헤어드라이어는 선풍기하고 다르게 날개가 기계 안에 들어가 있는데 어떻게 바람이 나올까?

🧒 그러네요? 헤어드라이어는 선풍기보다 더 바람이 세게 나오는데... 혹시 저 옆에 구멍 뚫린 것이 관계가 있나요?

🧑‍🦰 딩동댕~! 맞아. 바람을 많이 내보내기 위해서 헤어드라이어 날개 주변에 공기를 빨아들이는 구멍을 만들어 놓은 거야.

〈그림〉 헤어드라이어

🧒 네. 그러면 뜨거운 바람은 어떻게 나와요?

🧑‍🦰 리원이 전기장판 아니?

- 장판 안에 무슨 전기선이 들어가 있고 그게 따뜻해지는 것 아니에요? 할머니 쓰시는 오래된 전기장판 보니 전기선 모양으로 약간 그을음 같은 게 있던데.
- 그렇지~. 주의 깊게 봤구나. 전기를 통하면 그렇게 열을 내는 물질이 있어. 열선이라고 하지.
- 네.
- 헤어드라이어는 선풍기하고 전기장판의 열선이 결합된 거라고 생각하면 돼.
- 그러니까, 선풍기처럼 바람이 나오는데, 열선이 있어서 따뜻하게 데워진다는 건가요?
- 응~. 맞아. 그렇지.
- 그래도 좀 신기한 걸요? 열선이 있다고 금방 바람이 데워지나요?
- 좋은 질문이야. 헤어드라이어 보면 대개 바람이 나오는 입구 쪽이 길지? 공기를 빨리 데우기 위해서 열선을 한 번이 아니고 여러 번 감기 위해서 입구가 길어지는 거야.
- 아~~ 그렇군요.
- 그나저나 빨리 씻자~.

보다 자세한 설명

1. 헤어드라이어 원리

헤어드라이어의 송풍은 본체 안쪽에 위치한 모터와 팬(FAN)을 이용한다. 모터가 회전해 팬을 돌리면 주변 공기를 빨아들여 드라이어 입구로 바람을 내보내는 것이다. 스위치를 조작하면 모터 회전 속도가 변해 바람세기를 약하게 하거나 강하게 한다.

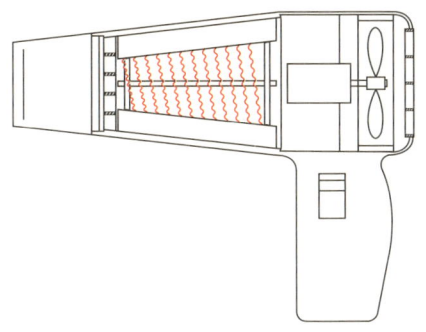

〈그림〉 헤어드라이어 구조

바람을 만들어주는 모터와 팬 앞쪽에는 열을 발생시키는 장치가 입구 근처에 있다. 입구 바로 안쪽에 스프링처럼 말려있는 니크롬선이 바로 그것이다. 니크롬선은 길이와 단면적이 같은 구리선에 비해 전기저항이 60~70배 정도 높아 전열기 등에 자주 쓰인다. 팬에서 밀려온 바람은 가열된 니크롬선을 거치며 뜨거워지게 된다. 냉풍 기능은 니크롬선에 전류가 흐르지 않는 상태에서 모터를 돌려 송풍만 하는 상태를 말한다.

2. 헤어드라이어의 올바른 사용법과 의외의 용도

드라이어는 강한 전자파가 발생하고 인체에 밀착하여 사용하게 되므로 가능한 사용시간을 줄이고 전자파가 덜 발생하는 제품을 사용해야 한다. 헤어드라이어 전자파 안전거리는 보통 20cm 정도로, 이 정도로 떨어뜨려 사용하면 전자파가 인체에 도달하지 못하므로 이 거리를 유지하는 것이 좋다.

드라이어는 머리카락 아래쪽으로 향하도록 해야 머리카락이 차분히 정돈되고 또 정전기가 발생하지 않는다. 머리를 감은 후 뜨거운 바람으로 머리를 말리게 되면 모공에서 땀과 피지가 다시 분비되고, 이렇게 분비된 피지와 노폐물이 모공을 막기 때문에 머리를 안 감은 것과 마찬가지가 되기도 한다. 따라서 머리를 감은 후에는 가능한 찬바람으로 말려야 한다.

고기 등의 음식 냄새, 담배 냄새, 방충제 냄새 등 옷이나 머리에 밴 냄새를 제거할 때 헤어드라이어를 이용하면 좋다. 헤어드라이어를 옷 안에 넣거나 머리를 날리면서 5분 정도 찬바람을 씌워 주면 냄새가 빨리 없어진다. 헤어드라이어가 냄새 제거에 효과가 있는 이유는 냄새를 유발하는 성분들이 대부분 휘발성이기 때문이다.

3. 자동차 히터는?

자동차 히터는 어떻게 따뜻한 바람을 내보낼까? 원리는 헤어드라이어와 같다. 즉, 공기를 뜨거운 물질을 지나게 하는 것이다. 그런데 자동차는 별도의 열선이 아니더라도 이미 뜨거운 곳이 있다. 바로 자동차 엔진이다. 따라서 자동차 히터의 경우는 송풍 시 엔진을 지나온 뜨거운 냉각수를 거치도록 하여 따뜻한 바람을 만든다.

02.
엄마, 보온병은 어떻게 물을 안 식게 해요?

- 엄마 다 씻었어요.
- 그래, 밥 먹을 준비하자. 어제 리원이 보온병 학교에 안 갖고 갔었지?
- 네. 없더라고요.
- 엄마가 정신이 없다… 어제 안 내줬네. 암튼 이 물 먹으면 되겠다.
- 보온병 물이 아직도 따뜻하네요? 어제 담은 물인데 아직도 안 식은 거예요?
- 그러게 말이다. 좋은 거 샀더니 좀 다르네.
- 보온병은 어떻게 이렇게 뜨거운 물을 오랫동안 안 식게 해요?
- 열이 나가는 것을 막아주니깐.
- 그러니깐 어떻게 막아 주냐고요…
- 하하. 알았다. 먼저 열이 전달되는 3가지 방법을 알아야 해. 리원이 축구 좋아하지?
- 네. 물론이죠.
- 축구할 때 공을 이동시키는 방법이 뭐가 있을까?
- 그야… 가까운 우리 편에게 패스하기도 하고, 제가 혼자 몰고 가기도 하고, 멀리 차기도 하고…
- 맞아. 그런 방법들이 있지? 공을 열이라고 생각하면 열을 이동시키는 방법도 비슷해.
- 그래요? 어떻게요?
- 첫 번째, 가까운 친구한테 공을 패스할 수 있지? 그것처럼 하나의 물체나 붙어 있는 물체 사이에서 온도가 높은 곳에서 낮은 곳으로 열이 전달되는 방식이 있어.
- 예를 들면요?
- 뜨거운 찌개에 숟가락을 넣어 놓으면 숟가락이 어떻게 되지?
- 곧 뜨거워지겠죠?
- 맞아. 뜨거운 찌개에 있는 열이 숟가락으로 전달되고, 숟가락 안에서도 점점 손잡이 부근으로 이동하지. 그런 것을 '전도'라고 해.
- 아, 그렇군요.

🧑 두 번째, 리원이가 혼자 공을 몰고 갈 수도 있지? 이렇게 물체가 직접 열을 갖고 이동할 수도 있어

🧒 그래요?

🧑 응. 우리 주전자에서 물을 끓일 때 불은 아래쪽에만 있지? 그런데 왜 주전자 안의 물 전체가 다 끓을까?

🧒 그러네요?

🧑 아래쪽의 물이 불을 받아 데워지면 그 물은 가벼워져서 위로 올라가. 그러면 주변의 차가운 물이 그곳으로 다시 들어와서 데워지지. 이런 과정이 반복되면서 주전자 안의 물 전체가 다 데워지게 돼. 이렇게 액체나 기체가 직접 이동하여 열이 전달되는 것을 '대류'라고 하지.

🧒 네. 급식할 때 반 모든 애들이 급식받아 가는 것하고 같군요.

🧑 응, 맞아. 그리고 마지막 남은 방법이 뭐지?

🧒 공을 멀리 뻥~ 차는 거지요.

🧑 그래. 세 번째, 아까처럼 패스도 안 하고 직접 몰고 가지도 않지만 바로 멀리 공을 이동시키는 것처럼, 열을 멀리 떨어진 곳으로 바로 전달하는 방법도 있어.

🧒 오~. 그런 것도 가능해요?

🧑 그럼. 우리가 난로에서 멀리 떨어져 있어도 따뜻함을 느끼지?

🧒 네, 맞아요.

🧑 그렇게 열이 멀리 떨어진 물체로 전달되는 것을 '복사'라고 해.

🧒 복사요?

🧑 응. 온도가 높은 물체에서는 우리 눈에 보이지 않는 빛하고 전파 같은 전자기파라는 것이 나오거든. 복사는 그런 전자기파가 다른 물체로 전달되면서 열이 이동하는 거야.

🧒 복사는 좀 어려운데요?

🧑 그렇지? 조만간 더 자세히 얘기해줄 기회가 있겠지. 이렇게 열이 전달되는 방법은 3가지가 있어. 자, 그럼 여기서 질문. 보온병처럼 보온을 하려면 어떻게 해야 할까?

🧒 아하~. 열이 전달되는 것을 막으면 되겠군요. 즉, 전도, 대류, 복사를 못 하게 하면 되는 건가요?

🏠 그렇지! 우리 리원이 정말 똑똑하다!

🧢 그럼 어떻게 막아요?

🏠 냄비는 쇠로 되어 있지만 손잡이는 플라스틱으로 되어 있는 것 본 적 있니? 어디가 덜 뜨거워?

🧢 네. 당연히 플라스틱으로 된 손잡이가 덜 뜨겁죠.

🏠 그렇지? 물체에 따라 열을 전도하는 속도가 달라. 쇠는 금방 뜨거워지지만 플라스틱은 그렇지 않거든. 그래서 전도를 막으려고 보온병은 플라스틱이나 유리처럼 열을 잘 전도하지 않는 물질로 만들어져 있어.

🧢 아하~.

🏠 그리고 보온병은 병이 이중으로 되어 있어. 즉, 우리가 보는 보온병 안에 병이 하나 더 있는 거야. 그리고 그 병 사이는 진공으로 되어 있지.

🧢 오~. 왜 그렇게 만들어요?

🏠 아무리 플라스틱이나 유리라도 열을 조금씩은 전달하게 돼. 그래서 병이 하나밖에 없으면 밖으로 열이 빠져나가겠지? 그것을 막으려고 병을 하나 더 만들고 그 사이에 공기를 빼버리는 거야. 즉, 대류를 못하게 하는 거지.

🧢 그럼 이제 남은 건 복사네요? 공기를 빼면 복사도 막아지나요?

🏠 복사는 아까 말한 것처럼 전자기파여서 공기가 없어도 이동하니까 그렇게는 막을 수 없어. 대신에 전자기파는 빛 같아서 거울에 반사되거든? 그래서 보온병 안쪽과 바깥쪽에 은도금을 해서 거울처럼 만들면 전자기파가 밖으로 나가거나 들어오지 못하겠지.

🧢 오... 정말 신기한데요. 그래도 뚜껑 쪽으로도 열이 새지 않아요?

🏠 좋은 질문이야. 그래서 뚜껑을 열전도율이 낮은 플라스틱과 고무로, 틈이 없도록 만들어. 그것도 모자라서 속뚜껑과 겉뚜껑으로 이중으로 하고.

🧢 와... 저는 엄마도 보온병처럼 되셨으면 좋겠어요.

🏠 왜?

🧢 그래야 엄마가 열 받으셔도 아빠한테 화를 덜 내시겠죠.

🏠 그야 아빠가 뚜껑 열리게 하니깐...

그러니깐 보온병처럼 이중 뚜껑이 필요하다니까요.

 ...

 보다 자세한 설명

1. 열전달의 3가지 방법

열에너지는 전도, 대류와 복사의 3가지 방법으로 전달된다.

1) 전도(傳導, conduction)

전도란 물질이 직접 이동하지 않고 이웃한 분자들 간의 연속적인 충돌로 열에너지가 많은 입자에서 열에너지가 적은 입자로 전달되는 것을 말한다. 고체, 액체, 기체 모두에서 발생하나 액체와 기체는 상대적으로 분자 간 거리가 멀어서 고체에 비해 전도에 의한 열전달이 적다.

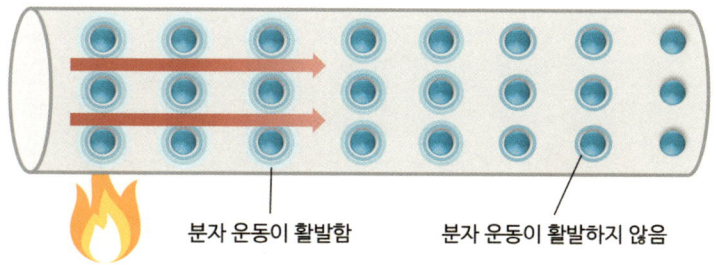

〈그림〉 전도의 원리

전도의 예는 뜨거운 국에 넣어둔 숟가락이 점점 뜨거워지는 현상 등이 있다.

2) 대류(對流, convection)

대류는 액체나 기체 상태의 분자가 직접 이동하면서 열을 전달하는 현상을 말한다. 엄밀히 말하면 대류는 전도와 유체(액체와 기체)의 이동에 의한 복합 현상이다.

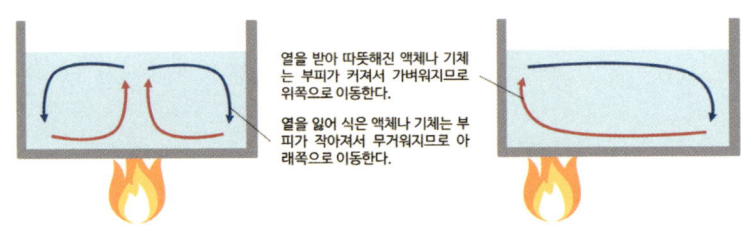

〈그림〉 대류의 원리

대류의 예는 보일러를 켜면 방 전체가 따뜻해지는 현상, 주전자 아래쪽을 가열하면 주전자 내 전체 물이 데워지는 현상 등이 있다.

3) 복사(輻射, radiation)

복사란 열이 물질의 도움 없이 직접 전달되는 현상을 말한다. 보다 전문적으로는 물질에서 방출되는 전자기파 또는 광자에 의한 열에너지의 전달이다. 따라서 고체, 액체, 기체 같은 매개 물질과 관련 없이 이루어진다.

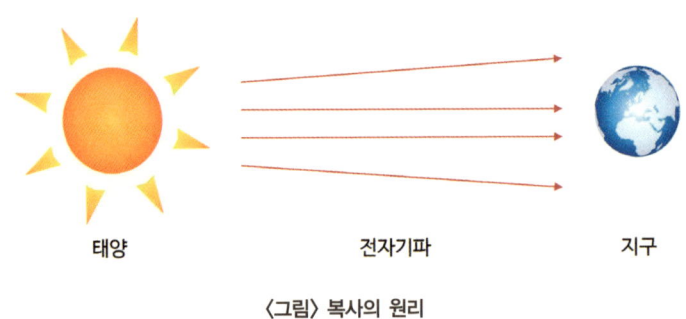

〈그림〉 복사의 원리

복사의 예는 햇볕을 쬐면 따뜻해지는 것, 전자레인지로 음식을 데우는 것 등이 있다.

전도 : 공을 전달한다.

대류 : 공을 직접 들고 간다.

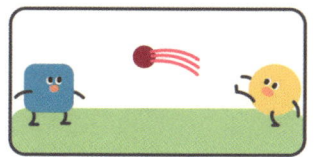
복사 : 공을 던진다.

〈그림〉 전도, 대류, 복사의 비교

4) 전도, 대류, 복사의 비교

사람을 분자, 공을 열이라고 생각하면 〈그림〉과 같이 전도, 대류, 복사를 비교할 수 있다.

2. 보온병의 원리

보온병은 외부의 열을 차단하여 음료를 장시간 보온 또는 보랭하는 용기로 1892년 영국의 화학자 제임스 듀어에 의해 '듀어병'이 처음으로 발명되면서 사용되기 시작했다. 보온병의 '온' 자 때문에 뜨거운 열을 유지하는 것으로만 생각하기 쉬우나 차가운 것을 유지하는 보랭 기능도 함께 한다.

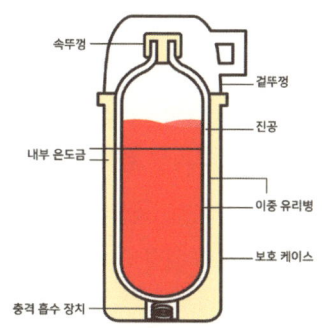

〈그림〉 보온병의 구조

보온병은 열의 전도 · 대류 · 복사를 막기 위해 다양한 장치를 마련하고 있다.
먼저, 전도를 막기 위해 열전도율이 낮은 유리, 플라스틱 같은 물질로 병을 제작한다. 그리고 병을 이중으로 구성하여 안쪽 병과 바깥쪽 병을 최대한 접촉시키지 않도록 한다. 내용물을 넣고 뺄 수 있는 입구를 막은 마개도 열전도율이 낮은 고무로 만들어진다.

또한, 두 유리병 사이의 공기에 의한 대류를 막기 위해 안쪽과 바깥쪽 사이를 진공으로 만든다. 보온병을 '진공병(Vacuum Flask)'이라고 부르는 이유도 여기에 있다. 완벽한 진공 상태를 유지하기는 어렵지만, 진공의 정도에 따라 보온병의 성능이 좌우된다고 해도 과언이 아니다.

하지만 이미 살펴본 바와 같이 진공 상태에서도 열이 전달되는데 바로 복사 때문이다. 이는 전자기파나 광자에 의한 것이므로 이를 막는 방법은 거울처럼 반사시키는 것이다. 따라서 유리병 내벽과 외벽에는 은도금이 되어 있어 전자기파를 내부로 되돌려 보내고 밖에서 들어오지 못하도록 한다.

3. 보온병의 여러 이야기

1) 보온병은 떨어뜨리면 깨진다?

70년대 중반까지만 해도 보온병의 내외병을 전부 유리로 제작했기에 충격에 매우 취약하여 떨어뜨리면 대부분 그것으로 수명이 다하였다. 이후 내열성 플라스틱이나 스테인리스로 제작하여 이를 보완하게 되었다.

2) 보온병의 보온 효과를 높이려면?

보온병에 갑자기 뜨거운 물을 넣으면 깨질 우려가 있다. 이를 방지하기 위해 뜨거운 물을 조금 부어 보온병 안쪽 병의 온도를 높여 놓은 뒤 다시 뜨거운 물을 채우면, 파손의 위험도 적고 또한 보온 효과도 오래간다. 물의 양은 되도록 가득 넣어서 전체 열용량을 키우는 것이 온기를 오래 가도록 하는 방법이다.

3) 보온병에는 모든 것을 다 담아도 될까?

드라이아이스, 탄산음료 등은 내부 압력 상승으로 마개가 열리지 않거나 내용물이 분출될 위험이 있다. 그리고 온도가 유지된다고 변질이 되지 않는 것은 아니므로 우유나 유제품 등은 가능한 사용하지 않는 것이 좋다.

4) 보온병을 세척하려면?

보온병 안에 소위 물때라는 물의 침전물들을 제거하기 위해서는 구연산을 더운 물에 약하게 희석시켜 내부에 채워 두었다가 3~4시간 뒤에 솔 등으로 제거하면 된다. 병 안에서 냄새가 날 경우에는 구연산 대신 식초를 희석시켜 같은 요령으로 세척하면 된다.

5) 보온병? 마호병?

예전엔 어르신들이 보온병을 '마호병'이라고 부르시곤 했다. 보온병을 가리키는 '마법병(魔法瓶)'의 일본어(まほうびん)이다.

03.
엄마, 전자레인지는 어떻게 음식을 데워요?

- 🧑 리원아, 저 찌개 좀 전자레인지에 데워줄래?
- 👦 네. 얼마 동안이요?
- 🧑 한 2분이면 될 거야.
- 👦 그런데 엄마, 전자레인지에 음식을 넣으면 왜 따뜻해져요?
- 🧑 리원이 더운 날이라도 가만있으면 아주 덥지는 않지? 그런데 추운 날이라도 뛰면 어때?
- 👦 덥고 땀나요.
- 🧑 그렇지? 그리고, 리원이 성윤이랑 놀면 어때?
- 👦 성윤이랑은 너무 잘 맞아서 같이 놀면 너무 재밌어요.
- 🧑 그래서 리원이 성윤이랑 만나면 이리 뛰고 저리 뛰고 놀지? 그래서 더워지지?
- 👦 네, 맞아요.
- 🧑 바로 그거야.
- 👦 네?
- 🧑 우리가 전자레인지를 돌리면 '마이크로파'라는 전자기파가 나오거든. 그런데 이 마이크로파는 좀 묘해서 물하고 너무 친해.
- 👦 저랑 성윤이처럼요?
- 🧑 그렇지. 모든 음식물에는 수분이 있는데 이 물 분자가 전자레인지의 마이크로파를 만나면 아주 심하게 요동을 치거든. 그렇게 음식물의 수분이 들떠 움직이니 음식이 데워지는 거야. 마치 리원이가 성윤이와 만나서 뛰어놀면 더워지듯이.
- 👦 와~ 신기하네요.
- 🧑 하나 더 물어볼까? 우리 햇볕이 있으면 따뜻하지? 왜 그럴까?
- 👦 그거야 해가 굉장히 뜨거운데, 우리 지구가 멀리 있으니 적당하게 따뜻해지는 거 아니에요?
- 🧑 그렇게 생각하기 쉬운데, 열이 전달되려면 금속 같은 고체나 공기 같은 액체가 있어서 전도나 대류로 열을 전달해줘야 해. 그런데 태양과 지구 사이에는 뭐가 있을까? 공기가 있나?

- 아니요. 우주는 진공으로 알고 있는데요.
- 그렇지? 그렇다면 어떻게 해의 열이 지구로 전해지는 걸까?
- 아~ 그러네요? 그럼 이게 설마…
- 그렇지. '복사'야. 언젠가 복사를 자세히 설명할 기회가 있을 거라고 했는데 이렇게 빨리 오다니…
- 그렇군요. 인생은 참 우연찮게 흘러가는 것 같아요.
- … 암튼, 해처럼 고온의 물체에서는 전자레인지처럼 전자기파가 나와. 햇빛도 일종의 전자기파이고. 그 전자기파는 공기가 없는 곳에서도 이동을 하거든.
- 아하~.
- 태양에서 나온 전자기파가 그렇게 이동해서 지구의 공기와 물을 만나면 어떻게 된다고 그랬지?
- 둘은 친하니깐 만나서 함께 움직여서 결국 더워지겠죠?
- 맞아. 그것이 바로 공기하고 물의 분자가 태양의 전자기파를 받아서 데워지는 원리야. 그걸 '복사(radiation)'라고 하는 거지. 전자레인지하고 같은 원리야.
- 아, 그렇군요. 이제 복사가 이해가 되었어요.
- 참, 찌개가 어디 갔지?
- … 전자레인지에 데우라고 하셔 놓고서는…
- 그러게… 내 정신 좀 봐라. 참, 고기도 내놓고서는 깜빡했네. 고기 구워야지.

 보다 자세한 설명

1. 전자레인지의 기원

전자레인지의 발명은 정말 의외의 곳에서 시작되었다. 1945년 미국에서 레이더 생산을 주로 하던 군수기업 레이시온은 제2차 세계대전 중 골칫덩이였던 독일 잠수함 탐지를 위한 레이더를 개발 중이었다. 연구원 퍼시 스펜서(Percy L. Spencer)는 그 핵심부품인 마그네트론(자기장 속에서 극초단파를 내는 특수 진공관)에 관한 연구를 진행 중이었다. 그다지 원하는 성과가 나오지 않아 실험을 계속하던 중 그는 주머니에 넣어둔 초콜릿 바가 전부 녹아있는 것을 발견했다. 스펜서는 그 원인이 마그네트론에 있는 것이 아닐까 생각하여 옥수수, 계란 등 몇 가지 음식 재료들을 실험한 결과 음식물이 데워지는 현상을 재차 확인할 수 있었다. 이후 마그네트론에서 방출되는 마이크로파를 수분에 쏘이면 수분의 온도가 올라간다는 사실을 발견하였고, 이를 토대로 마그네트론을 통하여 음식물을 데우는 기술에 관한 특허를 출원하였다. 스펜서가 근무하던 레이시온은 이 특허를 사들여 1947년 전자레인지를 시장에

〈그림〉 1947년 레이시온에서 출시한 세계 최초의 전자레인지[1]

출시하게 되었다. 외국에서는 전자레인지라는 용어를 쓰지 않고 마이크로파 오븐(microwave oven)이라고 한다.

2. 전자레인지 앞에 있으면 전자파가 나오는가?

전자레인지 앞에 있으면 몸에 해로운 전자파(전자기파)가 나온다고 생각하여 동작 중에는 그 근처를 피하는 경향이 있다. 그러나 전자레인지에서 사용하는 전자기파인 마이크로파는 주파수 대역이 적외선보다 낮아서 방사선과 같이 인체의 DNA

---

1 나무위키

를 파괴하는 등의 전리현상은 절대 일으키지 못한다. 즉, 크게 해롭지는 않다. 다만, 사람의 조직도 마이크로파에 노출되면 조직 안의 수분이 반응하여 열이 발생하므로 열손상의 위험이 있다. 눈이나 고환같이 온도에 민감하나 조절 능력이 부족한 조직은 더 높은 위험이 있다. 다행히도 마이크로파는 파장이 수 cm에서 1m 정도이며 금속을 투과하지는 못한다. 그래서 전자레인지 전면 뚜껑에는 마이크로파 파장보다 작은 1cm 이하의 작은 구멍이 나 있는 얇은 철판이 부착되어 있다. 이것 때문에 전자레인지의 마이크로파는 사실 전자레인지 밖으로 거의 투과되지 못한다. 그래서 문이 닫혀 있다면 안심해도 된다. 다만, 오래되어 뚜껑과 본체가 덜 차폐되어 있다면 점검하여야 한다.

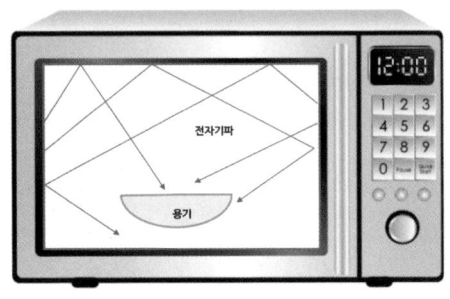

〈그림〉 전자레인지 내부의 마이크로파

3. 높은 산은 왜 추울까?

히말라야 같은 높은 산에 올라가면 왜 추울까? 지표면보다 태양에 가까우니 더 따뜻해야 하지 않을까? 그런데 그렇지 않고 추운 이유가 바로 '복사'에 있다. 태양의 전자기파가 지구의 공기 분자와 충돌하여 공기분자를 움직이게 함으로써 열이 전달되는데 높은 산에서는 공기가 희박하다. 지표에서 멀어질수록 지구가 공기를 끌어당기는 힘이 약하기 때문이다. 공기가 희박하니 태양으로부터의 전자기파가 공기 분자와 충돌하는 것이 줄어들어 열이 덜 발생할 수밖에.

04.
엄마, 전기레인지는 어떻게 음식을 데워요?

- 고기는 조금 덜 익었을 때 먹어야 맛있는 것 같아요.
- 이야~. 리원이가 벌써 고기 맛을 아네? 아이쿠, 떨어뜨렸네. 늙었나, 왜 이렇게 맨날 흘리지? 휴지 좀 줄래?
- 휴지 여기 있어요. 조심하세요. 바닥 뜨거워요.
- 아냐. 이건 안 뜨거워.
- 잉? 진짜네? 이 전기레인지는 이렇게 고기를 굽는데 왜 안 뜨거워요?
- 하하, 신기하지? 이건 판은 안 뜨거워지고 냄비에만 열이 나도록 유도하는 레인지라서 그래.
- 음... 엄마하고 아빠하고 싸우실 때 엄마는 화 안 내고 아빠만 화나게 하는 것 같은 건가요?
- ... 적절한 비유이긴 한데... 왜 엄마가 별로 기분이 안 좋지?
- 그건 제가 유도했기 때문이지요. 흐흐. 좀 더 자세히 설명해주세요.
- 예를 들어보자. 엄마가 리원이한테 장난감을 사줬다. 어떻게 할 거야?
- 사주기나 하시지...
- 예를 든다고 했지. +
- 그러면... 아마 백 퍼 성윤이한테 갖고 가서 자랑하겠죠? ㅎㅎ.
- 그럼 성윤이는 어떻게 할까?
- 자기 엄마를 졸라서 결국 장난감을 얻어낼 것 같은데...
- 그게 유도현상이야.
- 음... 네?
- 이 레인지 판 아래에는 전기코일이 감겨 있어. 그 코일에 전기를 흘려보내면 레인지 판 주변에 자기장이라는 자석의 힘이 생겨. 마치 엄마가 리원이 장난감 사주면 리원이가 주변에 자랑질하는 것처럼.
- 그러면 어떻게 돼요?
- 자랑을 들은 성윤이가 장난감을 사는 것처럼 레인지 판 위에 놓인 이 냄비에 자석의 힘이 미쳐서 신기하게도 냄비바닥에 전기가 생겨서 흐르게 돼. 전기가 유도된 거지.

🧑 오... 그래요?

👩 바닥에 전기가 흐르면 마치 전기장판처럼 저항을 받아서 뜨거워지게 되어 있어. 그러면 그 열로 이렇게 음식을 데우는 거야.

🧑 그래서 냄비만 뜨겁고, 이 레인지 위의 판은 안 뜨거운 거예요?

👩 그렇지. 그런데 전기레인지라고 다 이런 거는 아니야.

🧑 그래요?

👩 응. 레인지 자체가 전기장판처럼 뜨거워져서 음식을 데우는 방식이 있어. 즉, 레인지에 열선이 있어서 전기가 흐르면 레인지의 판이 뜨거워지고, 그 열로 냄비를 데워서 음식을 익히는 방식도 있지.

🧑 그러면 그건 판이 뜨거워지겠네요?

👩 그렇지.

🧑 그럼 아까 첫 번째 방식이 더 좋은 거네요?

👩 장점이 많아. 직접적으로 열을 내는 것이 아니다 보니 전기를 적게 쓰고, 판이 안 뜨거워지니 리원이가 다칠 염려도 적고.

🧑 그런데 왜 두 번째 방식을 써요?

👩 첫 번째 방식은 모든 냄비에 적용이 되지 않아. 냄비의 재질이 강한 자석이 될 수 있어야 해. 그래서 우리가 흔히 쓰는 뚝배기나 유리용기는 쓸 수가 없지. 또 하나, 인체에 유해한 전자파가 많이 나오게 돼.

🧑 그렇군요. 그럼 두 번째 방식은 아무 그릇이나 다 돼요?

👩 응. 지금 주방에 있는 모든 그릇을 다 데울 수가 있지. 그러나 판도 뜨거우니 화상이나 화재의 위험이 있고, 또 효율이 떨어지다 보니 전기가 많이 소모돼.

🧑 세상에 다 좋은 건 없네요.

👩 그러게 말이다.

🧑 그러니 엄마도 아빠한테 너무 뭐라 하지 마세요. 아빠도 다 장점이 있고, 단점도 있어요.

👩 ... 김치가 없네? 김치나 꺼내야 되겠다.

 **보다 자세한 설명**

1. 전기레인지의 종류와 원리

전기레인지는 크게 직접가열방식(핫플레이트, 하이라이트)과 유도가열방식(인덕션)으로 나뉜다.

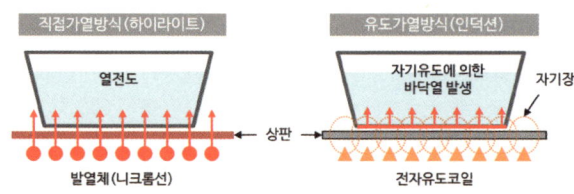

〈그림〉 직접가열방식과 유도가열방식의 원리

1) 직접가열방식

상판 자체를 가열하는 방식이다. 핫플레이트 방식은 열을 발생시키는 코일 위에 주철 상판을 얹어 열전도 원리를 이용해 그릇을 가열하는 방식이고, 하이라이트 방식은 발열체로 니크롬선을 사용하고 그 위에 세라믹 상판을 얹어 열전도 원리를 이용해 그릇을 가열하는 방식이다.

핫플레이트 방식

하이라이트 방식

2) 유도가열방식

상판 아래의 코일에 흐르는 자력선으로 자기장을 생성하여 상판과 붙어있는 그릇에 유도전류를 흐르게 하여 그릇을 가열하는 방식이다. 유도의 영문을 따서 인덕션(induction) 방식이라고도 한다.

〈그림〉 인덕션 방식

2. 직접가열방식과 유도가열방식의 비교

전기레인지는 공통적으로 가스레인지에 비하여 온도조절이 쉽고 설치, 이동, 청소가 쉽다. 또한, 가스를 사용하지 않으므로 가스폭발의 위험이 없고 일산화탄소 등 오염물질을 발생시키지 않아 실내공기를 쾌적하게 유지할 수 있다는 장점이 있다. 그중 직접가열방식은 용기의 제한이 없다는 장점이 있으나 상판이 가열되므로 화상의 위험이 있고 열효율이 낮아 조리시간이 상대적으로 길다는 단점이 있다. 유도가열방식은 상판이 가열되지 않으므로 화상의 위험이 낮고 열효율이 높아 조리시간이 짧고 전기가 적게 소모된다는 장점이 있으나 유리나 도기 등의 용기를 사용하지 못하는 등 용기의 제한이 있는 것이 단점이다.

3. 전기와 자기의 만남: 전자기 유도 법칙

전기와 자기(자석에 의한 힘)는 19세기 초까지만 해도 별개로 인식되고 있었다. 1820년대 영국의 패러데이는 전기와 자기는 서로 영향을 주고받는 힘으로서 전기장이 변화하면 자기장이 형성되고, 자기장이 변화하면 전기장이 형성되는 것임을 발견하였다. 그는 1831년 두 가닥의 전선을 양쪽에 감고 한쪽 전선에 전류를 흘리자 반대쪽에서도 전류가 유도되어 흐르는 전자기 유도 법칙(패러데이의 법칙)을 발견하는 큰 업적을 세웠다. 이것은 사실 인류의 역사를 바꾸어 놓은 발견이다. 왜냐하면, 발전기와 전동기(모터)의 원리가 바로 이것이기 때문이다. 이때만 하더라도 전기는 신기하지만 그다지 쓸모가 있는 것으로 인식되지 못했다. 전기는 전지로 만들었고, 그다지 활용할 것도 많지 않았기 때문이다. 그러나 패러데이에 의해 발전기와 모터를 통해 전기를 대량으로 생산하고 그를 동력에 활용할 수 있는 기틀이 만들어지게 되었다.

05.
엄마, 냉장고는 어떻게 음식을 차갑게 해요?

- 🧒 엄마, 빨리 오세요.
- 👩 그래, 김치 다 썰었으니 이것 넣어놓고... 으차~.
- 🧒 냉장고 문을 열어 놓으니 시원하네요. 계속 열어 놓으면 집안이 시원해지겠어요.
- 👩 땡! 그렇지 않아.
- 🧒 왜요?
- 👩 냉장고는 냉장고 안의 열을 뺏는 대신 냉장고 밖에서 다시 열을 내어놓거든. 그래서 냉장고 앞은 시원하겠지만, 집안의 온도는 변하지 않아. 전기만 먹어.
- 🧒 그래요?
- 👩 여기 냉장고 뒤에 와볼래? 어때?
- 🧒 어라? 냉장고 뒤는 뜨겁네요?
- 👩 응. 냉장고 안이 시원한 만큼 냉장고 뒤가 뜨거워진다고 생각하면 돼.
- 🧒 왜 그런 거예요?
- 👩 이구... 엄마가 호기심 많은 리원이를 잘못 건드렸네. 냉장고 원리를 알아야 하는데, 이건 좀 어려운데...
- 🧒 크크. 그래도 설명해주세요.
- 👩 음, 그러면... 리원이 열심히 운동해서 땀난 적 있지?
- 🧒 네. 어제도 축구하느라 옷 다 버렸죠. 흐흐.
- 👩 ... 잘했다. 어쩐지 옷이 더럽더라니. 그런데 말이야, 혹시 그렇게 땀을 흘리고 난 후 좀 있다가 땀이 마르면서 시원해지는 것 느낀 적 있니?
- 🧒 맞아요. 땀나서 시원한 곳에 있다 보면 금방 선선해져요.
- 👩 그래. 바로 그 원리야.
- 🧒 무슨 원리요?
- 👩 우리가 물을 끓이면 수증기가 되어 날아가지?
- 🧒 네.

- 🏠 그것을 수증기 같은 기체가 된다고 해서 '기화'라고 해.
- 🧒 네.
- 🏠 '기화'를 하려면 뭐가 필요할까? 물을 끓일 때 뭐가 필요해?
- 🧒 물을 끓일 때 당연히 불이 필요하죠. 가스레인지나 바로 이런 전기레인지. 크크.
- 🏠 그래. 즉, 액체인 물에다가 열을 가하면 기체인 수증기로 변하는 거네?
- 🧒 그게 그렇게 되는 거네요.
- 🏠 자, 땀은 뭐지?
- 🧒 액체요.
- 🏠 맞아. 땀이 마르면 무엇으로 바뀌는 걸까?
- 🧒 뭐... 땀의 물은 공기 중으로 날아가는 거겠죠?
- 🏠 그렇지. 바로 기체가 되는 거지. 그렇게 땀이라는 액체가 기체가 되기 위해서는 뭐가 필요하다?
- 🧒 아까 물이 수증기가 되기 위해서는 열이 필요했죠.
- 🏠 바로 그거지. 땀이 우리 몸에서 마르려면 우리 몸에 있는 열을 필요로 하는 거야.
- 🧒 네~. 아 그러면, 땀이 마르면서 우리 몸의 열을 빼앗아간다?
- 🏠 그렇지! 그러니깐 어떻게 된다?
- 🧒 몸이 열을 뺏기니 시원해지거나 더 나가면 추워지겠죠?
- 🏠 그렇지! 역시 넌 내 아들이다~. 흑흑
- 🧒 그런데 냉장고를 여쭤봤는데 왜 이런 말씀하시는 거예요?
- 🏠 이게 바로 냉장고의 원리야. 액체가 기체로 증발할 때 주변의 열을 빼앗아가는 것이 '기화'인데 바로 이 성질을 이용해서 상자 겉을 기화가 잘되는 액체를 채워 증발시키면 그 상자 안은 바로 냉장고가 되는 거지.
- 🧒 그렇군요. 그런데 냉장고 뒤는 왜 뜨거운 거예요?
- 🏠 아까 액체가 기체가 되면서 냉장고 안의 열을 뺏어가서 냉장고 안이 시원해진다고 했지? 그럼 우리는 그 액체를 계속 채워줘야 되겠네?

🧒 그렇죠. 응? 그런데 그런 적이 없었는데?

👩 하하. 맞아. 매번 액체를 채우기 뭐하니 이때 증발하는 기체를 모아서 냉장고 밖에서는 액체로 만들어주고 그 액체를 다시 냉장고 안에 넣어서 기화시키고... 그렇게 순환시켜. 그래서 냉장고 밖에서는 기체를 다시 액체로 만들려고 뜨거운 기체의 열을 내보내서 식히는 거야.

🧒 아~. 그래서 냉장고 뒤가 뜨거운 거군요. 그런데 집안이 많이 더워지지는 않는 것 같은데...?

👩 그건 냉장고보다 집안이 넓기 때문이야. 찬 욕조 물에 뜨거운 물 한 컵 부었다고 욕조 물이 뜨겁게 되겠니? 그래서 냉장고 안의 온도를 많이 내려도 집안의 온도는 조금만 올라가는 거지.

 보다 자세한 설명

1. 냉장고의 원리

알코올을 몸에 바르면 시원한 느낌을 준다. 알코올은 액체가 기체로 쉽게 변하는데(기화), 이렇게 기체로 증발할 때에 주위에서 열을 빼앗기 때문이다. 이처럼 액체가 기체로 바뀔 때 주위의 물체에서 열을 빼앗는 성질을 이용한 것이 냉장고와 에어컨의 기본원리이다.

냉장고의 기본구조와 원리는 다음 페이지의 〈그림〉과 같다. 기화가 일어나는 곳은 증발기이다. 여기서 저온, 저압의 액체 냉매가 기화하면서 열을 빼앗아 냉장고의 온도가 급격히 내려가게 된다. 그렇게 기화된 냉매는 압축기(컴프레서)로 들어간다. 압축기는 말 그대로 기체 냉매를 고압의 기체로 압축해준다. 우리가 냉장고에서 듣는 윙~하는 소리는 바로 이 압축기가 돌 때 나는 소리이다. 이렇게 압축하는 이유는 액화를 쉽도록 해주기 위함이다. 고압으로 압축된 기체가 응축기(콘덴서)를 지나면서 액화가 되는데 이때 열이 발생하여 냉장고 뒤가 뜨거워진다. 응축기를 지난 냉매는 액체가 되어 온도가 낮아지지만 여전히 고압 상태이다. 고압 상태의 냉매는 끓는점이 높아 기화가 쉽지 않으므로 압력을 낮추어주기 위해서 모세관(팽창밸브)을 통과시킨다. 그러면 압력이 낮아져 냉매는 저온, 저압의 액체가 된다. 이 냉매가 증발기로 들어가서 기화를 하고 다시 과정을 순환한다.

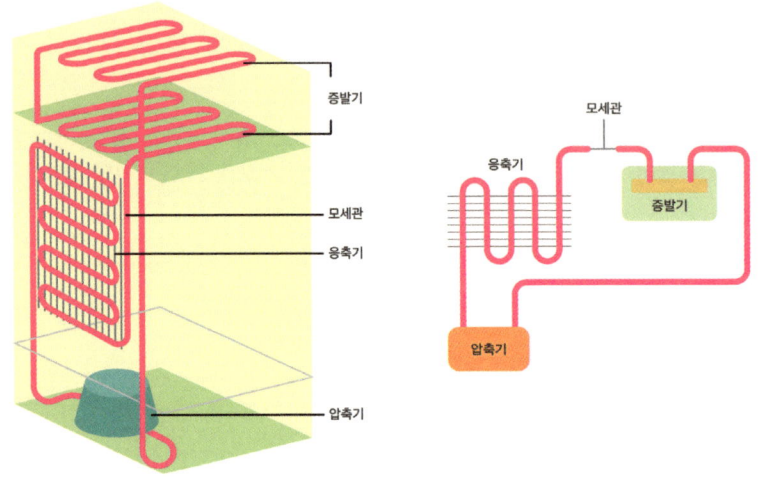

〈그림〉 냉장고의 기본구조와 역할

구분	역할
증발기	저온, 저압의 액체 냉매가 기화하면서 냉장고 안의 열을 빼앗아 온도를 낮춤
압축기	기화된 기체 냉매를 고온, 고압의 기체로 압축함
응축기	고온, 고압의 기체가 열을 방출하도록 하여 액체로 만듦
모세관 (팽창밸브)	저온, 고압의 액체가 압력이 낮아지도록 하여 다시 증발기로 보냄

2. 냉장고의 냉각방식

냉장고는 냉각기가 냉장고 안에 노출되어 있는 직접냉각식(직냉식)과 냉각팬에 의해 냉기를 순환시키는 간접냉각식(간냉식)으로 분류한다. 대개의 가정용은 간냉식이다. 강제적으로 냉기를 순환시켜 실내를 냉각시키는 방식이기 때문에 보통 냉장고 문을 열면 '김'이 쏟아지는 느낌을 받는다. 직냉식은 소형이나 김치냉장고 등에 쓰이는 방식으로 냉기자연대류방식이다.

3. 냉매(冷媒, refrigerant)

액체가 되었다가 기체가 되었다 하며 냉장고에서 냉각을 해주는 물질을 냉매라고 한다. 1세대 냉매로는 암모니아가 사용되었다. 효과는 좋으나 인체에 장시간 노출될 경우 피부염이나 호흡기 질환이 발생하는 문제가 알려지게 되었다. 그래서 2세대 냉매인 염화플루오린화탄소(CFC)가 사용되었는데 이의 다른 이름이 프레온이다. 이 계열 냉매들은 염소를 포함하고 있어 오존층 파괴를 일으킨다는 것이 알려져 2010년 이후로 전 세계적으로 사용이 금지되었다. 20세기 최악의 발명품 중의 하나로 꼽히기도 한다. 우리나라 가정용 전기냉장고는 이들의 대체로서 탄화수소계 냉매인 R-134a와 자연냉매 이소부탄(R-600a) 등을 사용하고 있다.

4. 냉장고가 에어컨이 될까?: 냉장고와 에어컨

냉방을 해주는 에어컨 역시 냉장고와 동일한 원리이다. 그래서 냉장고 문을 열어두면 실내가 시원해질까? 답은 '아니다'이다. 냉장고는 내부에서 열을 흡수하고 냉장고 뒤와 바닥에서 열을 방출한다. 열의 흡수와 방출이 같은 실내에서 이루어지기 때문에 아무리 문을 열어도 냉장고 앞만 조금 시원할 뿐 실내 기온은 변화가 없다. 전기만 소모할 뿐이다.

그렇다면 에어컨은 어떻게 실내를 시원하게 할까? 에어컨은 실내에서 열을 흡수하고, 방출은 실외에 설치된 실외기를 통해서 이루어지기 때문이다. 액체 상태였던 에어컨 냉매는 실내에 설치된 에어컨의 증발기에서 열을 뺏으며 기체가 되고, 실외에 설치된 압축기(컴프레서)와 응축기(팬)를 거치면서 열을 실외로 빼내고 다시 액체가 되어 실내로 들어간다. 에어컨 실외기에서 더운 바람이 나오는 이유가 바로 여기에 있다. 냉장고 뒤가 뜨거운 것과 같은 원리이다.

5. 냉장고 단상

오늘날의 냉장고와 유사한 기계식 냉장고는 스코틀랜드의 인쇄공이었던 제임스 해리슨이 1862년 최초로 개발하였다. 그는 잉크를 지울 때 사용하는 에테르라는 화학물질이 손을 시리게 한다는 점에 착안하여 연구를 거듭한 끝에 가난한 인쇄공에서 '냉장고의 아버지'가 되었다. 이후 냉장고는 주로 미국에서 발전되었고, 1920년대 GE사가 가정용 냉장고를 출시하면서 본격적으로 보급되었다. 우리나라에서는 1964년 (주)금성에서 최초로 냉장고를 생산하였다.

만약 냉장고가 없다면 우리 삶은 어떻게 될까? 상상이나 해보았는가? 음식의 보관 문제로 매우 큰 난관을 겪게 될 것이고, 상한 음식으로 인한 식중독과 같은 각종 질병과 매일 매끼마다 목숨을 건 사투 중일 것이다. 우리 생활의 필수품으로 자리 잡아 그 소중함을 못 느끼지만 냉장고가 인류의 생활방식에 끼친 공헌은 엄청나다. 그리고 한 가지 더. 우리가 가정에서 사용하는 TV, PC, 세탁기, 에어컨 등 다양한 가전기기 중에서 24시간 켜놓고 사용하는 것은 냉장고가 유일하다. 이것은 어떤 의미가 있을까? 냉장고를 서버(server)로 사용할 수 있지 않을까? 즉, 홈네트워크의 서버로 냉장고를 활용하여 다양한 기기를 연결할 수 있다는 이야기이다. 나아가 모든 가정에 있는 냉장고를 서로 네트워크로 연결하면 또 어떤 재미있는 일들을 벌일 수 있을까? 우리 아이들의 참신한 아이디어를 들어보시길.

06.
엄마, 터치스크린은 어떻게 동작해요?

- 🏠 리원아. 밥 먹을 때는 스마트폰 하지 말고 밥 먹어야지!
- 🧒 네... 잠시만요... 이 적들을 물리쳐야 해서...
- 🏠 어쩜 그리 아빠랑 똑같니. 그놈의 적은 자기들 아니면 막을 사람 없다니?
- 🧒 흐흐 맞아요. 지구를 지켜야 해요... 그런데 엄마, 텔레비전이나 모니터는 누르면 동작하지 않는데 왜 스마트폰은 동작해요?
- 🏠 지구를 지키면서도 궁금하기는... 우리가 보는 이런 화면을 스크린이라고 하는데, 여기에 터치를 감지하는 장치가 들어가 있어서 그래. 터치스크린이라고 하지. 요즘은 텔레비전이나 모니터도 터치를 인식하는 것들이 많이 있어.
- 🧒 그럼 터치는 어떻게 인식하는 거예요?
- 🏠 자, 엄마가 이렇게 손가락으로 리원이 볼을 누르면 어때? 눌러지는 것을 느껴?
- 🧒 ... 그럼요. 당연하죠.
- 🏠 그 이유가 리원이 볼에 감각을 느끼는 세포가 있기 때문이야.
- 🧒 아~. 네.
- 🏠 그런 것처럼 화면에도 그런 감각세포 같은 것이 있으면 되겠네? 그래서 사람의 감각세포에 해당하는 센서 장치를 부착해서 눌러지는 힘의 위치를 찾아서 동작하도록 하는 거야.
- 🧒 아하~. 그렇군요.
- 🏠 그런데 이 방식은 문제점이 있어.
- 🧒 어떤 문제요?
- 🏠 자, 아까처럼 엄마가 손가락으로 리원이 볼을 누르는데, 두 손가락으로 눌러볼게.
- 🧒 으흠.
- 🏠 어때? 두 군데 어디가 정확히 눌렸는지 잘 느껴져?
- 🧒 음... 아까 한 손가락일 때보다는 정확한 위치를 잘 못 느끼겠는데요?
- 🏠 그렇지? 두 군데를 동시에 누르면 힘이 여러 곳으로 퍼져서 정확한 위치를 찾기가 쉽지 않아. 그래서 동시에 두 군데를 터치하면 인식이 잘 안 돼. 즉, 리원이가 게임을 하다가 적이 둘이 나타났는데 동시에 공격할 수 없다는 거지.

🧢 그러면 큰일 나죠! 그런데 제 스마트폰은 동시에 눌러도 되는데요?

👩 그래서 나온 것이 지금 리원이가 쓰고 있는 방식이야.

🧢 이건 다른 방식이군요? 그럼 이건 어떻게 하는 거예요?

👩 리원이 번개 알지? 번개는 왜 칠까?

🧢 음… 구름하고 땅 사이에 전기가 번쩍하는 건데…

👩 맞아. 번개는 구름에 전기가 많이 차 있을 때 이런저런 이유로 땅에 그 전기가 내려오는 현상이야.

🧢 네. 그런데 왜 갑자기 번개 말씀을 하세요?

👩 바로 그 원리를 이용해.

🧢 번개요? 무서운데요?

👩 하하. 아냐. 원리만 같지 전혀 위험하지 않아.

🧢 어떻게요?

👩 스마트폰 화면에 전기를 가득 담아 놓고 있다가 우리가 손가락을 가져다 대면 마치 번개처럼 전기가 손가락이 접촉한 곳으로 끌려오거든?

🧢 그럼 전기가 흐르는 건데 감전되지 않아요?

👩 아냐. 걱정하지 마. 아주 작은 전기가 흐르는 거여서 우리가 느끼지도 못해.

🧢 그렇군요.

👩 그렇게 전기가 끌려오는 위치를 인식해서 동작하는 방식이 지금 리원이가 쓰고 있는 방식이야. 정전기를 이용한 방식이지.

🧢 정전기요? 그거 책받침 막 문지르다가 머리카락에 가까이 가면 머리카락이 붙는 거…

👩 맞아. 그렇게 마찰이나 다른 원인에 의해서 정지되어 있던 전기가 흐르면서 머리카락도 붙이고, 심하면 번개도 되는 것이 정전기이거든.

〈그림〉 정전기 현상

- 🧒 그렇군요. 그래서 장갑을 끼면 손가락하고 전기가 통하지 않아 동작을 안 했던 거네요?
- 👩 그렇지! 똘똘이. 그래서 요즘은 전기가 통할 수 있도록 처리한 장갑도 나왔지.
- 🧒 오~ 그렇군요. 신기해요. 그래서 전 엄마가 식사하시는 동안 이 신기한 터치를 좀 더 연구해야겠어요. 적들을 죽일 때 어떻게 정전기가 반응하는지 확인하면서.
- 👩 … 휴…

보다 자세한 설명

1. 터치스크린 인식 방법

터치스크린 인식 방법에는 대표적으로 저항막 방식(감압방식)과 정전용량 방식(정전방식)의 2가지가 있다.

1) 저항막 방식(감압방식)

일정한 크기의 압력을 받으면 투명 전극막 2장이 서로 맞닿으면서(전기적 접촉 압력) 발생한 전류와 저항의 변화를 감지해 그 위치를 인식하는 방법이다.

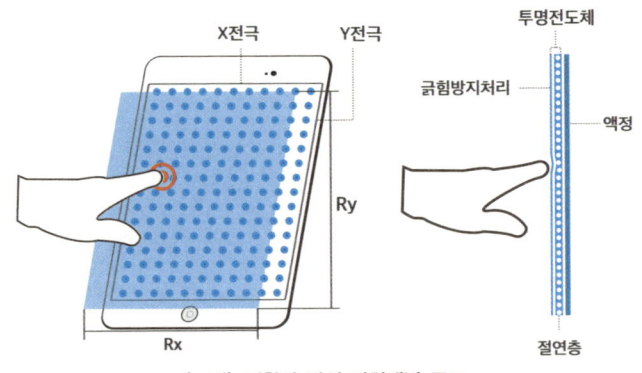

〈그림〉 저항막 방식 터치패널 구조

장점으로는 손가락은 물론 터치펜 등을 활용하여 필기체 인식이 가능하고, 반응속도가 빠르면서도 터치의 정확성이 높다는 점, 그리고 원리가 간단한 만큼 정전용량 방식에 비해 가격이 낮다는 점이다. 그래서 닌텐도DS와 같은 제품에서는 이 방식으로 스타일러스 펜을 이용한 아기자기한 필기 입력 방식 게임을 활용하여 선풍적인 인기를 끌었다.

반면 일정한 기준 이상의 압력이 화면에 가해져야 하며, 액정 위에 여러 막이 있어 화면 선명도가 떨어지고 충격에 약하다는 단점이 있다. 그리고 한 점에서만 인식되어 멀티터치가 어렵기 때문에 현재 익숙하게 사용하고 있는 스마트폰에 적용할 경우 이용할 수 있는 기능이 제한된다는 단점이 있다.

2) 정전용량 방식(정전방식)

최근 스마트폰들에 적용되고 있는 방식이다. 전기 화합물이 코팅되어 전기가 통하는 터치패널의 액정 화면에 손가락이 닿으면 액정 위를 흐르던 전자가 접촉 지점으로 끌려오게 된다. 터치패널 주변의 센서가 이를 감지하여 입력 위치를 인식하는 방법이다.

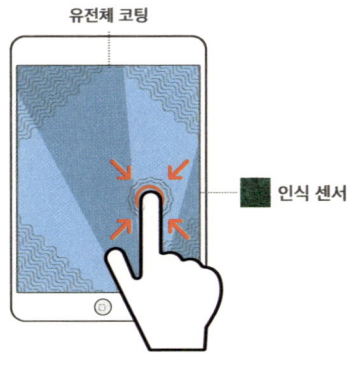

〈그림〉 정전용량 방식 터치패널 구조

따라서 살짝 스치듯 만져도 입력이 가능하므로 조작감이 뛰어나고 멀티터치가 가능한 큰 장점이 있어 현재 우리에게 익숙한 두 손가락을 활용한 줌인, 줌아웃 기능을 가능하게 하였다. 또한, 코팅된 액정유리를 사용하여 화질이 저하될 염려가 없으며, 저항막 방식에 비해서 충격에 강하여 스마트폰을 떨어트려 액정이 깨져있는 상황에서도 터치가 가능할 수 있다.

단점으로는 손가락 등 인체를 접촉해야 작동한다는 점에서 정교한 입력이 어렵다는 점이다. 따라서 한자와 같이 문자구조가 복잡한 문화권의 경우 문자 입력에 어려움이 있다. 또한, 가격이 저항막 방식에 비해 높아 스마트폰이나 태블릿, 노트북 등 적용되는 제품 가격이 상승하는 이유 중 하나이다.

2. 터치스크린과 스마트폰, 그리고…

터치스크린이 스마트폰의 필수 요소는 아니나 아이폰의 출시 이후 스마트폰과 터치스크린은 떼려야 뗄 수 없는 관계가 되었다. 터치스크린 이전에도 스마트폰은 존재하였으나 터치스크린이 주는 직관적인 사용편의성 때문에 스마트폰이 남녀노소를 불문하고 모든 계층에서 쉽게 활용 가능하게 된 것이다.

이러한 스마트폰의 대중화 때문에 인류는 전 세계 곳곳에서 일어나는 일들을 손쉽게 사진이나 영상으로 기록할 수 있게 되었고, 또 지구상의 누구와도 쉽게 연결하고 공유하고 소통할 수 있게 되었다. 이에 국내외를 막론하고 그동안 드러나지 않거나 또는 흐지부지 넘어갈 수 있었던 각종 권력의 불평등과 부조리들이 만천하에 알려지고 또 대중의 심판을 받을 수 있게 되었다. 정치, 언론, 재벌 등의 기득권이 대중에게 조금 더 이전됨으로써 인류는 조금 더 공정한 사회를 향해 나아갈 수 있게 된 것이다. 이렇게 철학이 담보된 기술은 인류 사회를 진보시킨다. 반면 이러한 기술은 권력이 기득권을 강화하기 위해 사용할 수도 있다. 개인의 정보, 개인 간의 메일, 문자 등이 권력에 노출되어 악용될 수 있는 것이다. 우리가 계속 깨어 있어야 하는 이유이다.

07.
엄마, 세탁기는 어떻게 빨래를 해요?

🏠 밥 다 먹었으면 어제 입었던 옷들 다 내놔라. 세탁기 돌려놓고 나가야 되겠다.

🧢 엄마, 빨래 여기요.

🏠 그래. 여기 큰 세탁기에다 던져~.

🧢 엄마, 옛날 사람들은 빨래를 강가에서 방망이로 두들겨 하던데 왜 그런 거예요?

🏠 세탁기가 없었으니까...

🧢 ... 엄마...

🏠 하하 알았다. 리원이는 목욕탕에서 때 뺄 때 어떻게 해?

🧢 그야... 뜨거운 물에 불리다가... 비누칠을 하고... 때를 밀지요?

🏠 맞아. 밀어야 때가 벗겨지지?

🧢 네. 맞아요.

🏠 바로 그 원리와 비슷해. 옛날 사람들은 빨래를 문지르거나 방망이로 때려서, 좀 어렵게 얘기하면 때 분자의 활동을 활발하게 해서 옷으로부터 때를 빨리 빠져나오도록 했던 거야.

🧢 그런데 세탁기는 빨래를 문지르거나 방망이로 때리지 않잖아요? 어떻게 때를 벗겨내요?

🏠 좋은 질문이야. 비록 때리지는 않지만 여전히 그 원리를 사용하고 있어.

🧢 그래요?

🏠 먼저 이 세탁기부터 설명을 할까? 우리가 많이 쓰는 이 일반 세탁기(회전빨래판식)는 통 안에 빨래하고 세제를 함께 넣어. 그리고 통 아래에 있는 회전날개(펄세이터(pulsator)가 좌우로 회전을 하면 강한 물살이 생겨서 빨래를 비비겠지? 그 마찰로 빨래의 때를 벗기게 돼. 그리고 한 가지 더. 리원이는 공이나 추 같은 거 줄에다 매달아서 돌려봤어?

🧢 네.

🏠 그렇게 돌리다가 손을 놓으면 어떻게 되지?

🧢 음... 밖으로 날아가 버리죠?

🏠 그렇지. 그게 바로 원심력이야. 멀 원. 중심 심. 물체를 회전시키면 중심 밖으로 힘이 발생해. 우리가 자동차를 타고 가다가 급커브를 돌면 반대쪽으로 몸이 쏠리는

현상이 바로 그 때문이지.

네. 그랬어요.

세탁기에도 그 원리가 적용돼. 물이 돌면서 빨래도 같이 돌고, 그래서 빨래의 때가 원심력에 의해서 빨래 밖으로 나가게 되지.

탈수할 때는 세탁기가 빨리 돌잖아요? 그것도 관련이 있나요?

맞아. 빨래를 고속으로 회전시키면 바로 그 원심력에 의해서 물이 밖으로 빠지는 거지.

그렇군요. 그런데 저 드럼세탁기는 왜 수평으로 되어 있어요? 그래도 원심력이 생기나요?

음… 드럼세탁기는 약간 달라. 일반 세탁기가 물과 빨래의 마찰에 의해서 빨래를 비비면서 세탁을 한다면, 드럼세탁기는 드럼이 회전해서 빨래가 위로 올라갔다가 아래로 떨어지는 마찰을 이용하는 거라 빨래를 두드려서 세탁을 하는 거야.

오~ 역시 알고 보면 참 신기해요. 앗! 그런데 밥을 먹었더니 아랫배에서 신호가…

보다 자세한 설명

1. 원심력과 구심력

원심력(遠心力, centrifugal force)이란 말 그대로 원의 중심에서 멀어지려는 힘이다. 우리가 물체를 줄에 매달아서 돌리면 밖으로 나가려고 하는 것이 그 예이다. 그런데 사실 원심력은 실재하는 힘은 아니다. 직진운동을 하고 있는 물체는 관성에 의해 앞으로 나가려고 할 뿐이다. 그것을 앞으로

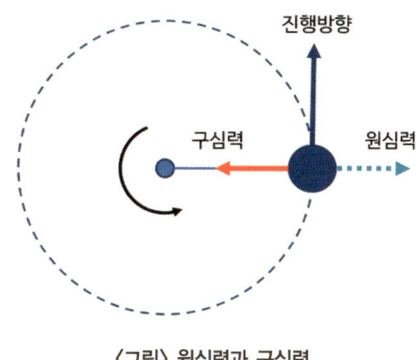

〈그림〉 원심력과 구심력

나가지 못하게 중심으로 당기는 힘인 구심력(求心力, centripetal force)이 있어서 물체는 원으로 돌고 있는 것이다.

2. 세탁기의 역사

기계적인 의미의 세탁기는 1851년 미국의 제임스 킹이 실린더식 세탁기를 개발하면서 처음으로 등장했고, 1974년 윌리엄 블랙스톤은 아내의 생일선물로 손으로 돌리는 기계식 세탁기를 고안했다.

전기세탁기의 등장은 1908년 미국의 알바 피셔가 개발한 전기모터가 달린 드럼통으로 된 드럼세탁기가 원조이다. 이어 1911년 미국의 메이태크일렉트릭이 판매가 가능한 전기모터 세탁기를 처음으로 선보였고 이후 월풀이 자동세탁기를 개발하면서 본격적으로 전기세탁기의 보급시대가 열리게 되었다.

〈그림〉
미국 메이태그일렉트릭사의
전기모터 세탁기

3. 세탁기의 종류와 장단점

세탁 방식에 따라 분류할 때, 밑 부분에 있는 회전날개가 회전하면서 형성되는 물살을 이용하는 회전빨래판식(펄세이터식), 세탁통 중앙에 회전날개가 달린 세탁봉이 회전해 세탁하는 봉세탁식(아지테이터식), 드럼을 회전시켜 드럼 내에서 세탁물이 떨어지는 힘을 이용해 세탁하는 드럼식(원통식)으로 분류할 수 있다.

회전빨래판식 세탁기는 빨랫감을 세탁통에 넣고 때가 빨랫감으로부터 쉽게 분리될 수 있도록 세제를 푼 후 물과 함께 빨랫감이 세차게 원심 회전을 하면서 때가 빠지고 탈수구를 통해 오수를 뽑아내는 방식으로 작동한다. 세탁통 아래에 설치

〈그림〉 회전빨래판식
(펄세이터식) 세탁기

〈그림〉 봉세탁식
(아지테이터식) 세탁기

된 날개가 좌우 회전하면서 생기는 강한 물살이 세탁에 활용된다. 일반적으로 통돌이형이라고 하지만 실제 통이 도는 제품은 많지 않다.

봉세탁식은 미국에서 발생하고 발전한 방식으로, 내부의 날개가 달려있는 큰 봉이 짧고 지속적으로 반전하여 일으키는 물살로 빨래를 하는 원리이다.

〈그림〉 드럼식(원통식) 세탁기

이 두 가지 방식은 짧은 시간 동안 세탁할 수 있어 세척력은 우수하나 세탁물이 엉키고 삶을 수 없다는 단점을 갖고 있다. 수질이 좋아 냉수세탁이 가능한 한국과 일본에서 주로 많이 사용되어 왔다.

드럼식 세탁기는 비누가 잘 풀리지 않는 센물이 많은 유럽지역에서 주로 사용되는 방법이다. 드럼의 안쪽에 물, 세제, 빨래를 넣고 회전시켜 빨래가 돌출부에 의해 올라갔다가 떨어지는 힘을 이용하여 세탁을 한다. 이 방식은 옷끼리 서로 마찰이 일어나는 경우가 적어 빨래의 손상이 거의 없고, 옷이 바닥에 부딪힐 때만 물이 필요하기 때문에 물을 적게 사용한다는 장점이 있다. 또 물을 데울 수 있어 빨래를 삶는 것이 가능하다는 장점이 있다. 그러나 세척력이 약하여 세탁시간이 오래 걸리고, 전기히터로 물을 데우므로 전력소모가 많은 단점이 있다.

4. 세탁기 단상

세탁기는 경제적 관점에서 인터넷보다 대단한 발명품이라고 한다. 인터넷도 인류에 큰 기여를 했지만 세탁기의 발명을 통해 여성의 가사노동 시간이 획기적으로 줄어들게 되었으며 그 덕분에 여성들이 남는 시간을 통해 사회에 진출할 수 있게 되었다는 것이다. 다른 것들도 그렇지만 이 어려운 일을 해낸 공학자들에게 감사해야 할 일이 아닐까.

08.
엄마, 변기는 어떻게 동작해요?

- 🧒 엄마...ㅠㅠ
- 👩 왜? 무슨 일 있어?
- 🧒 흑흑... 변기가... 변기가... 막혔어요... 죄송해요...
- 👩 아이고 못 산다... 하필 어디 가려면 꼭 무슨 일이 생긴다니깐...
- 🧒 어떡해요...
- 👩 괜찮아. 엄마가 누구니. 기다려봐라.
- 🧒 근데 엄마... 변기는 도대체 왜 막히는 거예요?
- 👩 이 와중에 궁금한 게 또 생겼네. 일단 먼저 변기의 원리를 알아야지.
- 🧒 맞아요. 평소에 참 궁금했어요. 변기에는 왜 항상 물이 차 있을까요?
- 👩 리원이는 옛날식 화장실 가봤어? 그... 아래에 변들이 다 보이는...?
- 🧒 네... 전에 어떤 임시 화장실에 갔을 때였는데...?
- 👩 어땠어?
- 🧒 와... 충격이었죠... 냄새도 심하고... 다 보이고...
- 👩 맞아. 그렇게 한 방향으로 쭉 뚫려 있으면 냄새도 나고 보기도 안 좋지. 그래서 요즘은 관을 이렇게 저렇게 휘어서 정화조에 담긴 것들이 보이지 않게 해. 그리고 관을 휘더라도 냄새는 나오거든? 그래서 이렇게 평소에 물을 담아 놓아서 냄새를 차단하는 거야.
- 🧒 그렇군요. 그런데 물이 어떻게 평소에는 담겨 있다가 물을 내리면 빠져나가지요?
- 👩 그건 바로 물이 빠져나가는 곳이 아래가 아니라 위에 있기 때문이지.
- 🧒 위에요? 변기 보면 아래로 물이 빠지던데요?
- 👩 그렇게 보이기는 하는데, 실제로 눈에 안 보이는 곳에서는 위로 빠져나가도록 U자를 거꾸로 한 것처럼 관이 설계되어 있단다. 그런 관을 사이펀 관이라고 해.

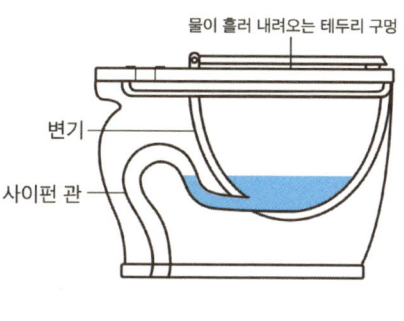

〈그림〉 변기와 사이펀관

🧑 음... 그래서 물이 빠지지 않고 차 있게 된다...?

👩 그렇지. 그러다가 우리가 변기의 버튼을 누르면 저장된 물이 내려가서 점점 물이 차오르겠지? 그러다가 그 관을 통과할 정도로 물이 차면 응아가 넘어가게 되고 다시 평소대로 물이 일정하게 차 있게 되는 거야.

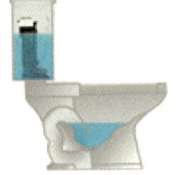 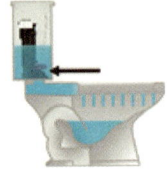  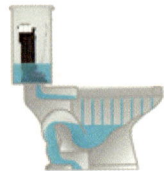

01. 평소   02. 물 내리기 시작   03. 물이 차서 넘어가는 상태   04. 다시 물이 차는 상태

〈그림〉 변기의 원리

🧑 오... 변기도 알고 보면 신기하네요? 그런데 왜 이렇게 막히는 거예요?

👩 바로 그 사이펀 관 때문에 그래. 관이 거꾸로 U자 모양으로 휘어져 있다 보니 거기에 이물질이 걸리는 경우가 많아서 그래.

🧑 제가 아까 휴지를 너무 많이 넣었는데 그럼 그게 거기에 걸려 있나 보네요. 그럼 옷걸이 같은 거로 헤집으면 될까요?

👩 그렇게도 되긴 하는데 사실 압력의 힘을 이용하는 게 더 나아. 자, 봐라~. 이얍!!!

🧑 우와~~~ 뚫어뻥만으로도 쑥 내려가네요~. 우리 엄마 짱!!!

👩 흠흠. 자, 빨리 옷 입고 가자. 기차 시간 늦겠다.

1. 사이펀(Siphon)의 원리

사이펀이란 용기를 기울이지 않고 대기압을 이용해 높은 곳의 액체를 낮은 곳으로 이동시키는 관, 그러한 작용 및 현상 등을 의미한다.

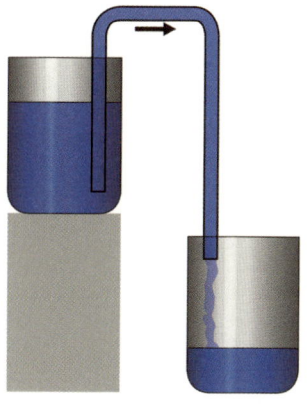

사이펀의 원리는 대기압이 높은 쪽의 수면에 작용하여 액체가 관 안으로 밀려 올라가는 것을 이용한 것이다. 밀려 올라간 물은 관을 타고 수면이 상승하다 관이 휘어진 부분에서 중력 방향으로 낙하하며 관 안을 진공상태로 만들게 된다. 결국, 높은 곳의 물보다 관 안의 압력이 낮아지게 되므로 높은 곳의 물은 압력의 차이로 계속해서 아래로 빠져나가게 된다. 사이펀의 원리를 이용한 것에는 양변기와 계영배 등이 있다.

〈그림〉 사이펀의 원리

2. 계영배(戒盈杯) - 넘침을 경계하는 잔

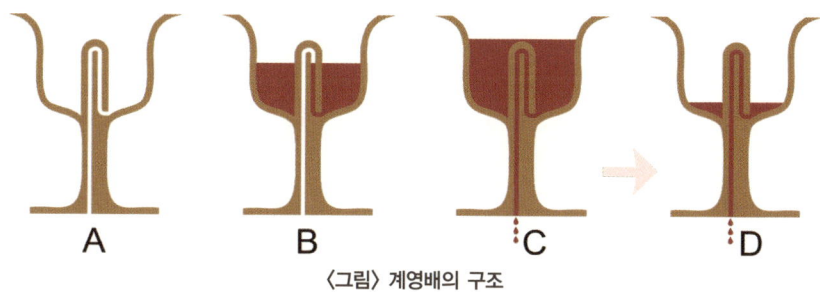

〈그림〉 계영배의 구조

계영배는 '가득 참을 경계하는 잔'이라는 뜻이다. 과음을 경계하기 위해 술잔에 술을 일정 이상 따르면 모두 새어가도록 만든 잔이다.

계영배도 사이펀의 원리를 이용하고 있다. 즉, 계영배 안의 둥근 기둥 내부에는 역U자 모양으로 구부려 놓은 관이 있다. 술을 적당히 부으면 기둥 밑의 구멍으로 들어간 술이 기둥 안쪽 관의 맨 위까지 넘어가지 않으나 그 이상 붓게 되면 관을 넘어 술이 아래쪽으로 빠지게 되어 있다. 이때 잔 아래 구멍으로 연결된 관은 술이 빠지는 만큼 진공 상태가 되어 관 안쪽과 바깥의 압력 차로 인해 기둥 밑의 구멍 안으로 계속 빠지게 된다. 결국, 술잔의 술은 모두 비어버리게 된다.

09.
엄마, 교통카드는 어떻게 동작해요?

- 어른 1명, 초등학생 1명이요. (삐익) 우리 저기 앉을까?
- 저 뒤에 할머니께 양보해드려요.
- 우리 리원이 할머니께 자리 양보할 줄도 알고 다 컸네?
- 그럼요. 우리 할머니도 매일 다리, 허리 아프신데 저 할머니도 많이 편찮으시겠죠. 다 우리 같은 자식들 키우시느라 편찮으신 거잖아요. 양보해드려야죠.
- .. 참 대견하다. 어쩜 그리 엄마를 똑 닮았니.
- 그러게요. 그나저나 엄마, 아까 우리 버스 탈 때 교통카드를 기계에 갖다 대기만 했잖아요. 어떻게 요금이 지불돼요?
- 일단, 이 교통카드는 정보를 처리하고, 저장하는 반도체 칩이 들어 있어. 아주 작은 컴퓨터라고 할 수 있지.
- 와~, 이 카드가 컴퓨터와 같다니... 그럼 이 카드하고 버스에 달린 기계하고 통신을 하는 건가요?
- 응. 맞아. 교통카드단말기라고 하는 저 기계에서는 계속 전파를 내보내고 있거든? 교통카드가 가까이 가서 이 전파를 받으면 안에 들어 있는 반도체 칩에 저장된 금액이나 카드번호 같은 것을 단말기로 보내주게 돼. 단말기는 이 정보를 받아서 요금을 처리하지. 이때 이용되는 전파는 물건을 통과하기 때문에 카드를 지갑에 넣어도 인식이 되는 거야.
- 아, 그렇군요.
- 우리 고속도로 갈 때 하이패스로 지나가면 통행료가 결제되지?
- 맞아요. "고속도로 통행요금 얼마가 결제되었습니다"라고 차에서 얘기해요.
- 그것도 같은 방식이야. 버스의 교통카드단말기와 같은 하이패스 단말기가 각 차마다 달려 있어. 버스처럼 카드를 대는 것은 아니고 카드가 아예 꽂혀 있지.
- 아, 하이패스하고 교통카드가 같은 원리였군요. 그런데 한 가지 궁금한 게 생겼어요. 교통카드가 컴퓨터라고 하셨잖아요? 그런데 전기가 없어도 컴퓨터가 동작하나요?
- 정말 좋은 질문이야!!! 당연히 전기가 필요해. 그런데 우리가 교통카드를 평소에 충전하는 것도 아닌데 어떻게 전기를 이용할까?
- 그러니까요.

- 카드 단말기에는 전기가 흐르고 있거든. 거기에 10cm보다 가깝게 카드를 가져다 대면 신기하게도 카드에도 전기가 발생하게 돼. 이때 발생하는 전기는 약하지만 카드 안에 있는 컴퓨터를 동작시키기에는 충분하거든.

- 네~. 신기하네요.. 그런데 이거 전기레인지 설명할 때 나온 얘기하고 비슷한데...

- 그렇지! 같은 원리야. 전기가 유도된 거지. 버스 단말기가 전기레인지고, 교통카드가 전용그릇이라고 생각하면 돼. 전기레인지에서는 많은 전기를 유도하여 열을 내는 것이 목적이고, 교통카드는 순간적으로 작은 전기만 발생시켜 내장된 반도체 칩을 동작시키는 차이가 있는 것뿐이야.

- 그런데 우리 외식하고 아빠가 카드를 긁는 것도 교통카드하고 같은 거예요?

- 음, 그건 좀 달라. 그럴 때는 카드의 반도체 칩하고 통신하는 게 아니고 카드 뒷면에 있는 이런 자기 테이프의 정보를 가지고 요금을 지불해. 자기 테이프는 긁어서 인식하기 때문에 닳으면 인식이 잘 안 되고, 정보보안도 어려워서 점점 줄어들고 있긴 하지만 여전히 많이 사용되고 있지.

- 앞으로는 아빠만 카드 긁지 말고 엄마도 긁으셨으면 좋겠어요.

- 됐거든. 리원이는 누구를 닮아서 이렇게 엄마 속을 잘 긁으실까.

- 아까 엄마가 누구를 똑 닮았다고 하셨는데...

- 내려.

보다 자세한 설명

1. RFID(Radio Frequency Identification)

RFID란 전파를 이용해 먼 거리에서 정보를 인식하는 기술을 말한다. 사물에 부착된 태그로부터 전파를 이용하여 판독기가 인식하는 구조로서 다양한 서비스를 제공할 수 있는 차세대 인식기술이다. 이 기술은 본문의 대중교통카드시스템, 하이패스뿐만 아니라 물류관리, 전자 여권, 전자주민증 등의 신분증에 적용되고 있다. 또한, 반려동물이나 야생동물의 체내에 태그를 삽입하여 이들의 관리와 보호에도 활용하는 등 그 적용 범위가 넓어지고 있다.

부착된 대상을 식별한다는 측면에서, 대형마트나 편의점에서 상품 계산 시 사용하는 바코드와 유사한 역할을 한다. 차이점은 바코드는 빛을 이용하지만 RFID는 전파를 이용한다는 점, 바코드는 매우 짧은 거리에서만 인식되지만(그래서 물건을 일일이 찍어야 하고, 마트의 계산 줄이 긴 원인이다), RFID는 먼 거리에서도(하이패스를 생각해보자), 나아가 물체를 통과해서도(교통카드를 지갑에 넣어 두어도) 인식된다는 점 등이다.

2. 스마트카드와 교통카드

우리가 일상에서 사용하고 있는 신용카드나 현금카드는 초기에는 전부 아래 〈그림〉처럼 마그네틱테이프(Magnetic Stripe, 자기테이프)에 기억된 정보로 결제를 하였다. 그래서 마그네틱카드 또는 MS카드로 불린다. 혹시 플로피디스크를 기억한다면 그것과 동일한 원리다. 그런데 이 마그네틱은 용량이 작아 기억할 수 있는 정보가 기껏해야 카드번호 정도에 지나지 않고, 또 불법복제가 너무 쉽다는 단점이 있다.

〈그림〉 마그네틱 카드

〈그림〉 IC카드

그래서 이를 대체하고자 개발된 것이 반도체 칩(IC칩)이 내장된 스마트카드라 불리는 IC카드이다. 이 IC카드는 안에 정보처리장치(마이크로프로세서)와 기억장치(메모리)가 내장되어 마그네틱 카드에 비해 많은 정보를 저장할 수 있고, 정보처리, 암호화 등도 가능하여 보안성이 뛰어나다. 우리나라에서 지난 2012년부터 마그네틱 카드를 IC카드로 교체토록 하고, ATM기에서 마그네틱 카드로 현금인출이 불가능하도록 하는 정책을 펼치는 이유가 여기에 있다.

IC카드는 인식방법에 따라 다시 접촉식과 비접촉식으로 나누어지는데 접촉식은 IC칩의 금속패턴이 카드 밖으로 드러나 있어서 직접 접촉에 의해서만 처리가 되고, 비접촉식은 카드 안에 숨어 있어 보이지 않고 RFID방식의 전파로 처리를 하는 방식이다. 우리나라의 경우 현금카드나 휴대폰 USIM칩은 접촉식을, 교통카드는 비접촉식을 사용하고 있다.

IC카드 안에 도대체 무엇이 들어가 있는지 아이들이 궁금해한다면 엄마들이 자주 사용하는 아세톤에 카드를 하루 정도 담가두자. 카드가 벌어지면서 내부의 IC칩과 코일(안테나이자 전력공급의 역할을 하는)을 확인할 수 있을 것이다. 한때 이 IC칩과 코일만을 떼어서 자기만의 교통카드를 만드는 것이 유행한 적도 있었다. 손가락이나 이마에 붙여도 된다는 것은 함정.

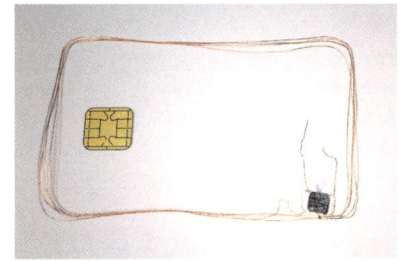

〈그림〉 IC카드 내부의 IC칩과 유도코일[2]

여기서 한 가지 팁. 지갑 속에 교통카드 결제가 가능한 카드가 2장 이상이면 요금 결제가 안 된다. 매번 카드를 빼서 다니기가 귀찮다면 주방에서 많이 사용하는 알루미늄 포일로 교통카드로 쓰지 않을 카드를 감싸자. 금속 성분인 알루미늄 포일이 RF전파를 차폐하여 인식이 안 되도록 한다.

3. 전자기유도

교통카드는 앞서 설명한 것처럼 마이크로프로세서와 메모리가 내장된 일종의 아주 작은 컴퓨터이다. 아무리 작더라도 이 컴퓨터가 동작하기 위해서는 전기가 필요한

[2] 위키피디아

데 교통카드의 경우는 별도의 전기를 충전하지 않고 교통카드 단말기로부터의 유도전류를 활용한다.

즉, 〈그림〉처럼 교통카드 단말기에서 전류를 흘려보내면 그 전류에 의해 자기장이 형성된다. 그 자기장 가까이에 교통카드가 접근하면 교통카드 내 코일에서 전류가 유도되어 발생하는데, 그 전류는 미약하지만 교통카드 안의 작은 컴퓨터를 구동하기에는 충분하다. 앞서 살펴본 전기레인지도 전자기유도를 활용하여 교통카드 대신에 냄비에서 전류가 흐르게 하고 그 전류로 발열을 하는 것이다.

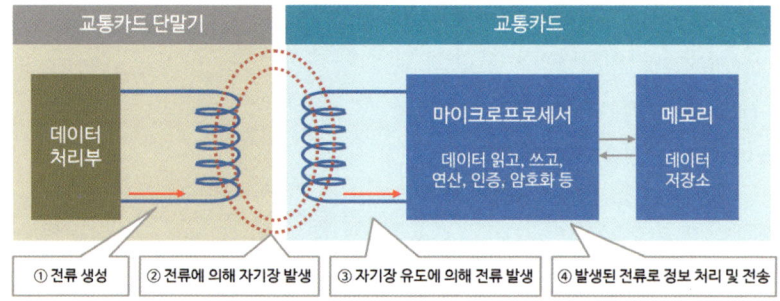

〈그림〉 교통카드 단말기와 교통카드의 전자기 유도

10.
엄마, KTX는 어떻게 이렇게 빨리 가요?

- 아이고 힘들다. 결국 기차에 탔네. 가긴 가는구나.
- 그런데 엄마, 오후에 일이 있으시다면서 이제 3시간밖에 안 남았는데 우리 부산까지 갈 수 있어요?
- 응. 2시간 반이면 부산역에 도착할 거야.
- 예전에 부산 할머니 댁에 갈 때 차로 5시간인가 걸렸던 것 같은데 KTX는 엄청 빠르네요?
- 맞아. 참 빠르지?
- KTX는 왜 이렇게 빨라요?
- 그거야 고속철도니깐 그렇지.
- 이러려고 엄마 아들이 됐나 하는 자괴감이...
- 알았다, 알았어. KTX는 기차야. 기차인데 무엇으로 움직일까?
- 기차니까... 뭐로 움직일까요?
- 전기로 움직여. 모터(전동기) 알지? 전기로 KTX 제일 앞에 있는 동력차의 모터를 돌리고 그 힘으로 사람들이 타고 있는 객차를 끌고 가는 거야.
- 와... 뭐 복잡할 줄 알았더니 간단하네요?
- 맞아. 원리는 간단한데 이 큰 기차가 시속 300km가 넘는 속도가 되도록 하려면 실제로 신경 써야 할 부분이 한두 가지가 아니야. 어려워.
- 어떤 것들이요?
- 일단, 동력원이 되는 모터가 힘이 세야지. 리원이 마차 타본 적 있지? 만약 지금 우리가 타고 있는 KTX를 말이 끈다면 말 몇 마리가 필요할까?
- 음... 글쎄요? 한 1,000마리?
- 18,000마리.
- 우와~~~. 정말요? 말 18,000마리가 우리 앞에 있다고 생각해보니 어마어마한 걸요?
- 그렇지? KTX에는 모터가 12개가 달려 있어. 모터 하나가 말 1,500마리의 힘을 내고 있는 거야.

- 와~. 대단한 힘이군요?
- 그렇지? KTX가 지하철하고 다른 것 또 못 느꼈어?
- 아, 지하철도 전철이니까 KTX랑 같은 원리인가요? 그러고 보니 전철은 앞이 평평한데 KTX는 앞이 돌고래 모양 같아요.
- 그렇지! 왜 그랬을까?
- 음... 예쁘려고?
- 음... 맞으려고?
- 헤헷. 글쎄요. 그래야 더 빨리 가나요?
- 그렇지. 공기 저항을 줄이기 위해서지. 낙하산을 펴면 천천히 떨어지는 이유가 면적을 최대한 넓혀서 공기 저항이 커져서 그렇거든. 반대로 공기 저항을 줄이려면 면적을 줄이고 공기의 흐름을 최대한 방해하지 않도록 부드럽게 만들어야 해.
- 그렇군요. 그러고 보니 전철은 "덜커덩 덜커덩" 하는 소리가 나는데 KTX는 안 나네요?
- 예리하구나. 모든 기차는 철로가 있지? 이게 여름에는 더워서 늘어나고 겨울에는 추워서 줄어드니까 일정한 간격을 띄워서 철로를 만들어. 그러다보니 그런 소리가 나게 돼.
- 와~. 쇠도 늘어나는군요? 그런데 KTX는 왜 안나요?
- 그런 이음매가 없도록 전부 용접을 해서 하나의 레일로 만들었다고 해. 그래서 전철이나 일반기차보다 훨씬 빠르게 움직이는데도 소음과 진동이 덜한 거야.
- 오... 그렇군요.
- 그리고 리원이는 달리기할 때 똑바로 뛰는 게 빨라? 아니면 커브를 돌면서 뛰는 게 빨라?
- 당연히 직선으로 달릴 때죠.
- 맞아. 그래서 KTX는 철로를 가능한 직선에 가깝게 만들었어.
- 사소한 것 같은데 참 많은 신경을 썼군요.
- 맞아. 그런데 가장 결정적인 게 뭔지 알아?

- 아니 결정적인 게 또 있어요?
- 정차역이 적은 거야. 하하.
- 그게 왜요?
- KTX의 최고속도인 시속 300km에 이르려면 보통 5분에서 6분 정도가 걸려. 그러면 자주 서면 어떻게 될까?
- 서느라 속도 느려지고, 다시 속도 올리는데 시간 걸리고 그러겠네요?
- 그래, 맞아. 지하철은 한 정거장이 3~4분 정도니까 속도를 높이 낼 시간이 없지.
- 그렇군요.
- 그러고 보니 도착이 얼마 안 남았네. 할머니한테 나오시라고 전화 드려야겠다. 엄마 일하러 간 동안 할머니랑 잘 있을 수 있지?

보다 자세한 설명

1. 고속철도의 정의

고속철도에 대한 정의는 시대와 나라에 따라 다르지만 통상적으로 시속 200km 이상의 고속으로 주행하는 열차를 말한다.

1964년 일본의 도카이도 신칸센(도쿄~신오사카)이 세계 최초로 시속 210km 속도를 내기 시작하면서 계속 발전해 각국이 속도향상을 위한 기술, 연구 개발에 매달려 현재는 시속 300km대의 고속열차가 운행되고 있다. 현재 운행되는 모든 고속열차는 전기를 동력으로 사용하고 있어 고속철도를 고속전철이라고도 한다.

2. 고속철도의 종류

고속철도는 크게 종전의 열차와 같이 바퀴를 사용하여 레일 위를 주행하는 바퀴식

(Wheel-On-Rail)과 반발력을 사용하여 열차를 부상시켜 주행하는 자기부상식(Magnetic Levitation)의 두 가지 방식이 있다.

바퀴식 고속철도는 레일과의 점착력 한계로 시속 330km가 한계라고 생각했으나, 프랑스가 1990년 남부지선 Vendome 구간에서 시속 513.3km의 시험운행에 성공함으로써 지속적으로 발전하고 있다.

자기부상식 고속철도는 독일, 일본 등에서 연구 중이며, 이미 지난 1997년 일본이 시속 550km의 속도를 넘겼고 시속 580km를 목표로 지속 개발 중이다. 중국에서는 2002년 12월 상하이 국제공항까지 32km 구간을 개통해 시속 430km의 속도를 보이고 있다.

3. 우리나라의 고속철도(KTX)

우리나라의 고속철도는 시속 330km로 달릴 수 있도록 설계되었고 운행 시에는 최고 시속 305km로 운행되고 있다. 25,000볼트의 고압전류를 동력원으로 하고 있으며, KTX는 이를 전달받아 13,560kW, 300KN(킬로뉴턴)의 전기제동력을 갖추고 운행한다.

〈그림〉 집전장치(팬터그래프)

고속철도 차량의 외부형상은 유선형 구조로 공기역학적으로 설계되었고, 25,000볼트의 고압 전류를 집전할 수 있도록 설계된 집전장치(팬터크래프)를 사용하고 있다.

객차 연결방식은 기존 열차의 일반형 연결과는 달리 관절형 대차(차륜·차축을 보관 유지하여, 차체의 중량을 차축에 전달하는 것과 동시에 주행·제동 기능을 갖춘 기구)를 이용하고 있다. 이것은 마치 사람의 관절처럼 자유로이 움직일 수 있도록 제작되어 가볍고 소음이 적으며 안락한 승차감을 유지하도록 해준다.

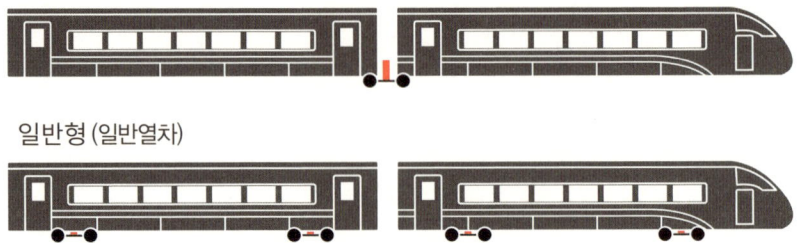

〈그림〉 **KTX의 객차 연결방식**

고속철도 선로는 시속 305km까지 달리는 고속차량의 하중을 안전하게 받칠 수 있도록 전 구간을 용접으로 연결해 하나의 레일로 만들었다. 선로의 최소곡선반경은 7,000m(일반철도: 400m)로 이는 전 구간이 직선에 가깝다는 것을 뜻한다.

시속 300km에 도달하기 위해서 KTX는 6분 5초, KTX-산천은 5분 16초가 걸리며, 시속 300km에서 비상 제동 시 3,300m 이내에서 정차한다.

11.
엄마, 비행기는 어떻게 날아요?

- 할머니 댁에서 어제 너무 많이 먹었어요.
- 그랬지? 할머니가 리원이 너무 점잖다고 칭찬 많이 하시더라.
- 그럼요. 누구 아들인데요. 그나저나 이제 엄마랑 본격적인 여행이네요? 제주도 가서 우리 뭐해요?
- 배도 타고, 맛있는 회도 먹고... 그나저나 리원이는 비행기 처음 타보나?
- 네. 완전 기대돼요. 스튜어디스 누나들이 너무 예뻐서 좋고요...
- ... 밝히긴... 꼭 자기 아빠야...
- 네?
- 아니야. 조그맣게 얘기했어. 그나저나 무섭지는 않고? 엄마는 대학생 때 처음 타봤는데 얼마나 무섭던지...
- 엄만 그랬어요? 무섭지는 않은데요. 도대체 이 무거운 비행기가 어떻게 하늘로 뜨죠?
- 궁금할 줄 알았다. 자, 여기 이 휴지를 입술 아래에다 붙이고 바람을 불어볼래? 어떻게 되지?
- 어라? 휴지가 떠오르네요? 신기해요...!

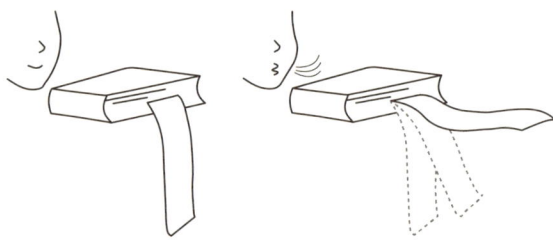

〈그림〉 휴지 위로 바람 불기

- 왜 그럴까?
- 글쎄요...?
- 리원이가 휴지 위쪽으로 바람을 불면 휴지 위쪽의 공기는 빨라지고, 밀려날까?
- 그럴 것 같네요.

🧑‍🦰 휴지 아래쪽은 공기가 그대로 있겠지? 그러면 휴지 위, 아래 중에 공기가 어디에 더 많을까?

🧒 그건... 아래가 더 많겠죠.

🧑‍🦰 그래. 바로 거기서 휴지 위와 아래에 있는 공기의 압력 차이가 생겨. 즉, 휴지 아래쪽이 공기가 많아서 압력이 더 높아지지.

🧒 그러면 어떻게 돼요?

🧑‍🦰 세상의 모든 액체와 기체는 압력이 높은 곳에서 낮은 곳으로 흐르게 되어 있어. 물도 높은 곳에서 낮은 곳으로 흐르듯이, 공기도 흐르지.

🧒 아, 그러면 휴지 아래쪽의 공기 압력이 높기 때문에 휴지 위쪽으로 움직인다... 그래서 휴지가 떠오른다는 말씀이신가요?

🧑‍🦰 그렇지!!!

🧒 그런데 이게 비행기랑 무슨 관계가 있어요?

🧑‍🦰 그게 바로 비행기가 뜨는 원리란다.

🧒 그래요?

🧑‍🦰 이 큰 비행기가 사람과 짐을 가득 싣고 뜨려면 그 무게(중력)만큼 하늘로 올라가는 힘, 즉, 양력이라는 것이 있어야 돼.

🧒 그 양력이 어떻게 생겨요?

🧑‍🦰 비밀은 바로 비행기 날개에 있지. 좀 더 정확히 말하면 날개 위와 아래의 압력 차이가 양력을 만드는 거야. 아까 휴지 위, 아래의 압력 차이로 휴지가 올라갔듯이.

🧒 그런데 휴지는 우리가 위쪽만 바람을 불었는데 비행기 날개는 위아래로 다 바람이 지나가는 거 아니에요?

🧑‍🦰 이야~~~ 리원이 넌 역시 내 아들인가 보다. 어떻게 이렇게 날카로운 질문을...

🧒 아까는 아빠 닮았다면서요...

🧑‍🦰 됐거든. 암튼, 비행기 날개는 아랫면은 평평하게 윗면은 둥근 모양으로 생겼어. 이렇게 되면 날개의 윗면이 아랫면보다 공기의 흐름이 빨라지거든? 그러면 날개 위쪽의 공기 압력은 작아지고 상대적으로 날개 아래쪽의 공기 압력이 높아져서 날개를 위로 밀어올리게 돼. 그 힘으로 비행기가 뜨지. 이런 걸 베르누이 할아버지가 발견하셔서 베르누이 정리라고 해.

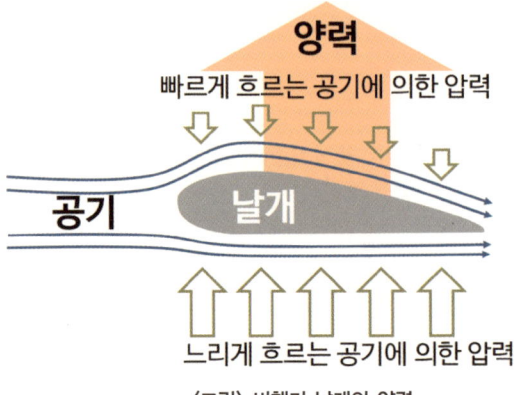

〈그림〉 비행기 날개의 양력

- 오... 베르누이 할아버지는 참 신기한 걸 발견하셨네요.
- 그렇지? 사실 비행기가 뜨는 이유는 이외에도 또 있어.
- 뭐예요?
- 차 타고 가면서 창문 밖으로 손을 내밀면 손이 뜨는 것 같은 느낌적인 느낌... 받은 적 있어?
- 맞아요. 손을 이렇게 살짝 기울이면 손이 떠올라요.
- 그건 바로 공기가 손을 치고 아래로 내려가기 때문에 그 반작용으로 손이 위로 힘을 받기 때문이야.
- 비행기도 마찬가지예요?
- 그렇지. 마치 손이 올라가는 것처럼 이륙할 때 비행기 날개가 공기 저항을 받도록 하여 반작용으로 양력을 일으킨단다.
- 이야, 이제 비행기가 떠요~. 베르누이 할아버지하고 공기저항 만세~!

보다 자세한 설명

1. 베르누이 정리(Bernoulli's theorem)

베르누이 정리는 유체(액체나 기체)가 흐르는 속도와 압력의 관계를 수량적으로 나타낸 법칙으로, (유체의 압력)+(유체의 속도)^2+(유체의 높이)는 항상 일정하다.[3] 즉, 속도가 빠르면 압력이 낮아지고, 속도가 느리면 압력이 높아진다는 것이다.

2. 베르누이 정리의 예

우리 일상생활에서 베르누이 정리는 다양한 곳에서 관찰된다. 대표적인 예가 비행기가 뜨는 것, 호스의 물이 나오는 부분을 손으로 누르면 물의 속도가 빨라지는 것, 그리고 야구의 커브나 바나나킥같이 공의 진행 방향이 휘는 것 등이 있다. 커브공의 예를 살펴보자.

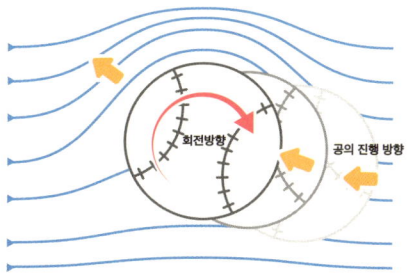

〈그림〉 커브공의 원리

상기 그림에서 공이 좌측으로 진행하면서 시계 방향으로 회전하게 되면 공 아래쪽보다 위쪽의 공기가 빠르게 흐르게 된다. 베르누이 정리에 따라 속도의 제곱만큼 공 위쪽의 압력이 줄어들게 되어 공 아래와 위의 압력 차이만큼 힘이 발생하게 된다. 이 압력 차이에 의하여 공이 위쪽으로 휘어지게 되는 것이다.[4]

---

3 $p + \frac{1}{2}pv^2 + pgh =$ 일정.
  단, p는 그 점에서의 압력, ρ는 유체의 밀도, v는 그 점에서의 유체의 속도, h는 기준면에 대한 높이, g는 중력가속도

4 공학적으로 엄밀히 말하면 회전하는 공이 휘는 것은 경계층 내부에서 일어나는 현상으로 이상적인 유체를 가정하고 있는 베르누이 정리보다는 점성과 와류를 고려한 쿠타-주코브스키 양력이론(Kutta-Zhukhovsky Lift Theorem)에 의해 설명된다.

12.
엄마, 자동차는 어떻게 가요?

- 자~. 이제 차도 렌트했으니 본격적으로 제주도 여행을 시작해볼까?
- 그래요, 엄마. 달려 달려~~
- 그러면 안 되지. 안전 운전해야지. 오~. 이 차 좋구나. 잘 나가는데~
- 근데, 엄마, 또 궁금이가 생겼어요. 자동차는 어떻게 가요?
- 자동차에는 사람의 심장하고 같은 역할을 하는 엔진이 있어. 그 엔진이 힘을 줘서 바퀴를 돌게 해줘.
- 엔진은 어떻게 힘을 만들어요?
- 리원이 주사기 알지? 주사기 어떻게 생겼지?
- 음… 통이 있고요… 그 안에 주사를 넣고… 주사를 밀어 넣을 수 있는 밀대 같은 것이 있어요.
- 그렇지. 주사기 끝을 막고 밀대를 밀어 봤어?
- 네. 그러면 어느 순간 빵빵해져서 더 이상 들어가지 않던데요?
- 맞아. 안에 있는 공기가 눌려서 빵빵해져. 사람이 밥을 먹듯이 자동차는 뭘 먹지?
- 기름이요. 주유소에서 휘발유나 경유라고 된 것을 넣잖아요.
- 기억하는구나. 그런 기름을 아까 빵빵해진 주사기 안에다 넣고 계속 누르면 어떻게 될까?
- 어떻게 돼요?
- 기름과 공기가 눌리고 눌리다가 결국 폭발해.
- 폭발이요? 그럼 큰일 나는 거 아니에요?
- 하하. 안심해. 주사기가 터질 정도는 아니고 단지 주사기의 밀대를 다시 밖을 밀어 낼 정도의 폭발력이라면 괜찮겠지?
- 네. 그러면 괜찮겠네요.
- 밀대가 그렇게 밀려 나갔다가 반동으로 다시 돌아와서 주사기를 압축하면 어떻게 될까?
- 그야 뭐… 또 폭발해서 다시 밀려 나가나요?
- 그렇지. 그렇게 밀대는 주사기를 왔다 갔다 하겠지?

12. 엄마, 자동차는 어떻게 가요?

- 그러네요.
- 자동차 엔진에는 그런 주사기 같은 것이 여러 개 있어. 주사기의 통에 해당하는 것을 실린더라고 하고, 밀대를 피스톤이라고 해.
- 아하~. 그러면 그게 바퀴를 움직이나요? 그런데 바퀴는 도는 거 아니에요?
- 좋은 질문이야. 물레방아 생각해볼래? 물은 위에서 아래로 떨어지는데 물레방아는 회전을 하지? 피스톤은 그런 식으로 왔다 갔다 하면서 회전력을 만들어서 바퀴를 돌리게 돼. 우리 리원이가 동력전달장치까지 관심이 생겼네.
- 아~ 그런 원리군요. 그러면 차를 빨리 가게 하려면 어떻게 해요?
- 여기 아래에 보면 오른쪽 페달이 액셀러레이터[5]야. 이걸 밟으면 돼.
- 액셀러레이터를 밟으면 왜 차가 빨라져요?
- 이걸 밟으면 아까 말했던 주사기에 해당하는 실린더에 연료와 공기가 더 많이 들어가게 돼. 그러면 폭발을 할 때 더 큰 힘으로 폭발하지.
- 그래서 피스톤이 더 빨리 움직이고, 더 빨리 바퀴를 돌린다는 건가요?
- 그렇지!
- 엄마~. 우리 이제 어디 가요?
- 제주도에 왔으니 배를 타야겠지? 배 타러 가자~.

보다 자세한 설명

1. 내연기관: 가솔린엔진, 디젤엔진, LPG엔진

자동차의 내연기관은 사용하는 연료의 특성에 따라 가솔린엔진, 디젤엔진과 LPG엔진으로 나뉜다.

---

5 Accelerator, '액셀', '악세레다' 등으로 많이 통용되나 올바른 영어 발음은 '액셀러레이터'이다.

1) 가솔린엔진: 연료인 가솔린을 공기와 안개 상태로 혼합, 폭발하기 쉬운 혼합기를 만들어서 이것을 실린더 내에 흡입시킨 후(흡입), 피스톤으로 강하게 압축하고(압축), 여기에 전기불꽃을 점화하여 폭발시켜(폭발), 이 폭발력으로 피스톤을 하강시켜 동력을 발생시킨다. 폭발 후의 연소가스는 실린더 밖으로 배출되며(배기), 이는 계속 반복된다[6].

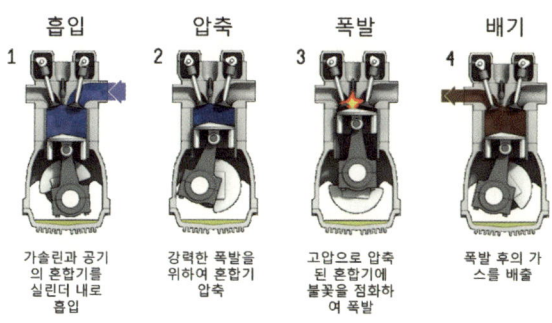

〈그림〉 가솔린 엔진의 4행정

2) 디젤엔진: 연료공급장치나 전기장치를 제외하고는 가솔린엔진과 유사하다. 다만, 연료의 특성에 따라 전기불꽃에 의한 점화가 필요 없이 자연착화에 의한 폭발로 동력을 발생시키는 차이가 있다.
3) LPG(액화가스) 엔진: 가솔린엔진의 연료공급장치만을 개조하여 가솔린 대신에 액화석유가스(LPG)를 연료로 하여 동력을 얻는 엔진이다.

2. 엔진의 기본적인 구조와 주요 부품

엔진은 크게 실린더 블록과 실린더 헤드로 나뉜다.

---

6 엔진의 동작은 Youtube 사이트에서 "3D movie – how a car engine works" 동영상을 검색하여 살펴보면 매우 잘 확인할 수 있다.

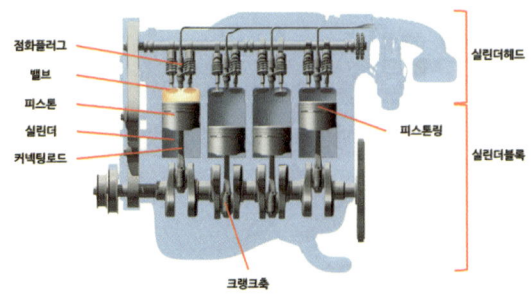

〈그림〉 엔진의 구조

실린더 블록은 엔진의 힘을 발생시키는 곳으로 실린더, 피스톤, 피스톤링, 크랭크축, 커넥팅로드로 구성된다.

- 실린더　　연료가 들어와서 폭발이 일어나는 공간, 즉 연소실. 실린더가 몇 개가 있느냐에 따라 '몇 기통'이라는 용어를 쓰며 자동차의 힘과 속도가 결정된다.
- 피스톤　　실린더 내에서 운동하여 동력을 만들어 내는 원기둥 모양의 부품
- 피스톤링　주사기 밀대의 고무패킹처럼 피스톤에 끼워져서 피스톤과 실린더 사이의 틈을 없애주는 부품
- 엔진오일　실린더와 피스톤은 모두 쇠이므로 이것이 마찰이 되면 엔진이 마모되거나 심하면 파괴된다. 따라서 실린더와 피스톤 사이의 마찰을 줄여주는 윤활유가 필요한데 이것이 엔진오일이다. 엔진오일은 고온·고압에서 견디게 되어 있으나 역시 오랜 마찰을 겪게 되면 제 기능을 못하므로 주기적으로 교체가 필요하다. 업계에서는 5천km마다 교체하라고 하지만 사실 8천~1만km마다 교체해도 무방하다.
- 크랭크축　피스톤 아래에서 피스톤의 상하운동을 회전운동으로 바꾸는 역할
- 커넥팅로드　피스톤을 크랭크축과 이어주는 역할

실린더 헤드는 실린더 윗부분을 씌우는 덮개로, 보통 흡기 및 배기 밸브와 점화플러그가 부착되어 있다.

- 밸브 실린더 위쪽에 위치하여 연료가 들어가고 배기가스를 배출하는 통로. 밸브는 실린더 당 2개(흡입밸브와 배기밸브 각 1개) 이상이 있으며, 밸브가 16개면 16V의 식으로 보통 숫자 뒤에 V를 붙여서 밸브의 개수를 표시한다.
- 점화플러그 가솔린엔진에서 폭발을 위해 불꽃을 튀겨주는 역할을 한다. 주기적으로 교체를 해주어야 한다. 디젤은 압축만으로도 폭발하기 때문에 디젤엔진에는 없다(디젤 자동차 수리를 하러 가서 점화플러그를 교체하고 왔다는 황당한 이야기를 들은 적이 있다).

3. 자동차 엔진의 미래: 전기자동차

최근 전기자동차가 상용화되어 확산되고 있다. 전기자동차는 가솔린 또는 디젤엔진을 사용하지 않고 전기로 모터를 회전시켜서 자동차를 구동시킨다. 일반적으로 전기자동차는 배터리에 축적된 전기를 활용하며, 배터리를 충전한다. 연료전지자동차는 수소와 산소를 활용하여 전기를 발생시키는 연료전지(Fuel Cell)를 활용하며, 수소와 산소를 충전(충기)하는 전기자동차의 일종이다.

전기자동차는 기본적으로 석유연료를 사용하지 않으므로 일산화탄소나 이산화탄소를 발생시키지 않는 탈탄소경제의 중요한 요소이다. 전기자동차가 활성화되기 위해서는 배터리 축전용량의 확대, 충전시간의 감축 등 기술적인 요소와 충전소 구축 등의 사회 인프라적인 요소가 필요하다. 보다 더 중요하게는 얽혀 있는 석유, 천연가스 생산국의 지위와 연결된 국제적인 힘의 문제를 해결해야 한다.

그러나 온실가스 감축 의무를 선진국에만 지웠던 교토의정서(1997)에서 선진국과 개발도상국 195개국 모두에 부과하는 파리기후협약(2015.11.) 체제로 변화함에 따라 전기자동차는 더욱 확산될 전망이다. 독일은 2030년 이후 가솔린, 디젤 등의 내연기관을 사용하는 자동차는 인증을 받지 못하도록 하는 결의안이 통과되었다. 20년 뒤 '응답하라 2017'을 보는 우리 아이들이 '엄마 저 때는 자동차에 기름이란 것을 넣었어요?'라며 신기한 반응을 보일지도 모르는 일이다.

13.
엄마, 배는 어떻게 물 위에 떠요?

- 와~ 배 타고 바다를 보니 너무 좋아요~. 갈매기 안녕~~

- 갈매기 안녕~~ 아이쿠, 팔찌를 떨어뜨렸네. ㅠㅠ.

- 저런... 그런데 엄마, 팔찌도 물에 가라앉는데 이렇게 무거운 배가 어떻게 물 위에 떠요?

- 리원이가 물어볼 줄 알았다. 리원이는 수영할 때 물이 리원이를 누르는 것 같은 느낌 느껴봤어?

- 그렇...지요?

- 물이나 공기 같은 액체나 기체는 물체의 사방에서 누르는 힘(압력)을 작용해. 리원이가 물 안에 잠수해서 가고 있다고 생각해보자. 그러면 리원이 배 아래에 있는 물은 위쪽으로 배를 누르고, 리원이 등 위에 있는 물은 아래쪽으로 등을 누르고, 리원이 머리 앞의 물은 머리를 누르고, 발바닥에 있는 물은 발바닥을 누르지.

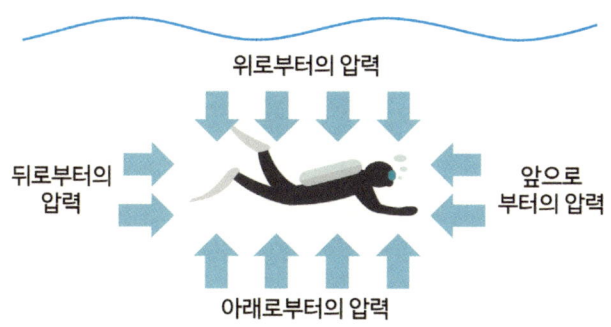

〈그림〉 유체의 압력 작용 방향

- 네, 그런데요?

- 자, 돌을 물에다 넣으면 가라앉지?

- 네.

- 왜 그럴까?

- 그거야... 돌이 무거우니까 지구가 당기는 힘에 의해서 가라앉는 거겠지요.

🧑 그래. 그런데, 그 돌보다 무겁지만 비어있는 냄비를 물에다 띄우면 어떻게 될까?

🧒 그러고 보니 떠 있을 것 같네요~.

🧑 맞아. 왜 그럴까?

🧒 음... 글쎄요?

🧑 아까 엄마가 얘기했지? 물은 물체의 사방에서 압력을 준다고.

🧒 그럼 냄비 아래에 있는 물은 냄비 위로 힘을 주겠네요?

🧑 그렇지~!!! 그런데 냄비 위에는 물이 있어 없어?

🧒 비었으면 없겠죠? 그래서 위에서 누르는 힘은 없다는 거네요?

🧑 바로 그거야! 냄비의 무게, 즉 지구가 당기는 힘보다 물이 위로 미는 힘이 더 세면 그 냄비는 뜨게 되는 거지. 그게 바로 뜰 부자에 힘 력 자를 써서 부력이라고 해.

🧒 아~~~ 그렇군요. 돌멩이는 위, 아래에 다 물이 있으니 서로 밀어서 별로 작용을 안 하게 되고...

🧑 역시, 우리 리원이는 엄마 닮아서 똘똘해. 넓은 냄비가 잘 뜰까? 아니면 좁은 냄비가 잘 뜰까?

🧒 글쎄요...? 아무래도 넓은 것이 더 잘 뜰 것 같은데요?

🧑 그렇지. 물의 압력은 일정하지만 닿는 면적이 넓으면 그 압력을 받는 면적이 넓어서 더 큰 힘을 받게 돼. 즉, 부력이란 것은 물체의 부피에 영향을 받지.

🧒 아... 그렇군요. 그런 원리로 이 무거운 철로 만들어진 배가 뜬다는 거네요? 신기해요.

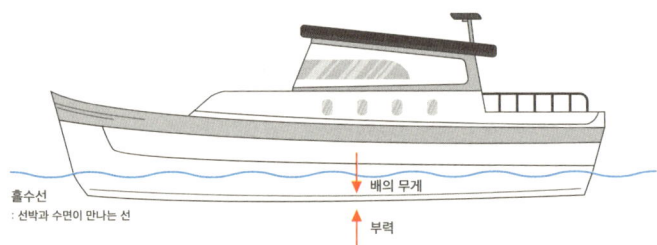

〈그림〉 배의 무게와 부력(흘수선: 선박과 수면이 만나는 선)

보다 자세한 설명

1. 아르키메데스의 발견

아르키메데스가 살던 그리스의 왕 헤론은 순금으로 된 왕관을 만들게 하였고, 황금 왕관을 자랑스럽게 생각하고 있었다. 그런데 얼마 후, 그 왕관이 순금이 아니라는 소문이 돌게 되자 몹시 화가 난 왕은 당시 유명한 수학자이자 물리학자인 아르키메데스에게 왕관을 부수지 않고 이를 조사하도록 하였다.

왕에게 약속한 날짜는 다가오지만 왕관을 건드리지 않고 순금인지 아닌지 알아낼 방안이 마땅치 않아 고심을 하던 아르키메데스는 어느 날 공중목욕탕에서 욕조 안에 몸을 담그자 더운 물이 넘쳐흐르는 것을 보게 된다. 그 순간 아이디어를 얻은 아르키메데스가 벌거벗은 채로 목욕탕에서 뛰어나와 집에까지 달려가며 '유레카'라고 외쳤다는 너무나도 유명한 이야기는 2,200년을 넘어 전해지고 있다.

은이나 구리 등의 물질은 금보다 밀도가 작기 때문에 같은 질량의 경우 금보다 부피가 더 크다[7]. 즉, 은이나 구리 같은 물질을 섞어서 왕관을 만들었다면 같은 질량의 금으로 만든 왕관보다 부피가 더 크게 되는 것이다. 아르키메데스는 왕관과 또 그것과 같은 질량의 순금을 번갈아 물속에 넣은 뒤 넘쳐 흘러나온 물의 부피를 측정하였다. 이때 넘친 물의 부피가 다르다는 것을 근거로 왕관이 순금으로 만들어지지 않았음을 밝혀내었다. 이는 복잡한 형체를 가진 물체의 부피를 직접 측정하는 것은 어려우므로 비중을 아는 물속에 담가 흘러넘친 물의 양을 측정하면 그것이 곧 물체의 부피가 된다는 것이었다.

2. 부력(浮力, buoyancy)

아르키메데스는 이를 발전시켜 '유체(물) 속에 담긴 물체는, 그 물체의 부피에 해당

---

[7] 밀도는 질량÷부피이고 부피는 질량÷밀도이다.

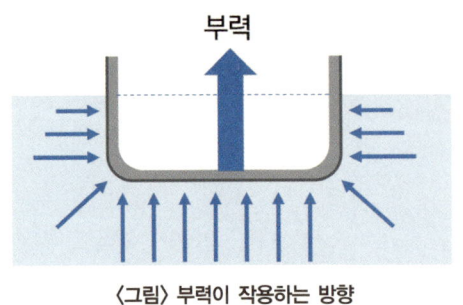

〈그림〉 부력이 작용하는 방향

하는 유체(물)의 무게와 같은 힘을 중력의 반대 방향으로 받는다(가벼워진다)'라는 부력의 원리(아르키메데스의 원리)를 발견하게 된다.

물속에서 무거운 돌을 들어본 사람은 돌의 무게가 줄어드는 효과인 부력을 깨달을 수 있다. 강바닥의 둥근 돌을 물속에서는 비교적 쉽게 들 수 있지만 물 밖에서는 훨씬 더 큰 힘이 필요한데 물속에서는 중력과는 반대 방향인 위쪽으로 향하는 힘이 작용하기 때문이다. 이러한 위 방향의 힘을 부력이라고 부르며 바로 깊이에 따라 증가하는 압력에 의한 힘이다.

즉, 물속에 있는 물체에는 그 물체가 밀어낸 물의 무게와 같은 크기의 힘이 위쪽으로 작용하게 되며, 이와 같이 위쪽으로 밀어 올리는 힘(부력)보다 그 물체에 작용하는 중력이 작을 때 그 물체는 물에 뜨게 되는 것이다. 배가 쇠붙이로 되어 있어도 배 안에는 공간이 많으므로, 배 전체의 무게보다 물속에 들어가 있는 부분의 부피가 받는 부력이 더 크기 때문에 배는 뜨게 되는 것이다.

그리고 부력은 형상과도 관련이 있다. 쇳덩어리를 뭉쳐서 물에 넣으면 가라앉지만 같은 무게의 쇳덩어리를 펼쳐 놓으면 수압이 작용하는 면적이 넓어서 압력이 크게 작용하기 때문이다.

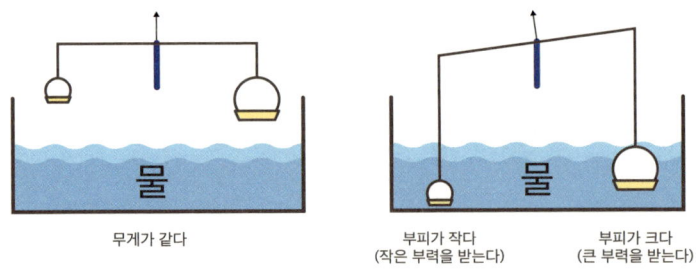

〈그림〉 부력과 부피와의 관계

3. 잠수함의 원리

거대한 잠수함이 물속에서 뜨고 가라앉는 것도 동일한 원리이다. 잠수함이 뜨려면 중력보다 부력이 커야 하고, 일정 깊이에서 정지해 있으려면 중력과 부력이 같아야 하며, 가라앉으려면 중력이 부력보다 커야 한다. 이를 조절하기 위해서 잠수함 안에는 밸러스트 탱크라는 곳에서 물을 넣었다 뺐다 하면서 잠수함의 무게를 조절한다. 즉, 탱크 안에 바닷물이 들어오면 잠수함이 무거워져서 가라앉고, 펌프로 물을 퍼내면 잠수함은 가벼워져서 떠오르게 된다.

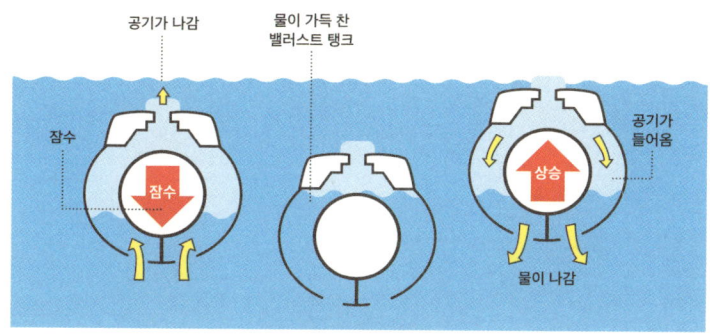

〈그림〉 잠수함의 원리

4. 타이타닉호, 그리고 세월호…

우리가 '배와 물과의 관계' 하면 떠오르는 생각 중의 하나가 '물은 배 안으로 들어오면 안 된다'는 것이다. 영화 '타이타닉'에서는 빙산에 부딪힌 배에 생긴 구멍으로 바닷물이 들어오면서 비극이 시작된다. 물이 들어온 배 한 쪽이 무거워지면서 '부력'을 이겨 크게 기울고, 기울어진 배의 자중 때문에 배가 두 동강이 나면서 침몰하게 되었다. 그러나 참으로 아이러니하게도 타이타닉 이후로 과학자들은 배 입장에서는 가까이하지 말아야 할 물을 오히려 배 안으로 담아서 배의 균형을 유지하는 역발상적인 방법을 고안한다. 바로 '평형수'의 개념이다. 설사 물이 들어오더라도 배는 오히려 안정적으로 무게중심을 유지하게 되는 것이다. 나쁘게만 생각하였던 것을 오히려 도움이 되도록 한 혁신이었다.

타이타닉호 침몰로부터 정확히 102년이 흐른 지난 2014년, 우리는 현대사에 도저히 잊을 수 없는 참담한 사건을 목격한다. 그것은 평형수가 적어서 배가 기울었을 때 무게중심을 부력이 다시 회복시키지 못함으로써 발생한 사건이다. 충돌설 등 여러 원인이 제기되고 있지만 사실 평형수만이라도 제대로 갖추어 무게중심을 유지하였더라면 웬만한 충돌에 그렇게 급격히 복원력을 잃지는 않았을 것이고, 소중한 생명들을 건질 기회가 충분히 있었을 것이다.

제발, 부디, 과학기술자들이 제시하는 기본을 지키는 사회가 되기를 바란다. 우리 아이들의 생명과 안전이 달려 있다.

14.
엄마, 헬리콥터는 왜 프로펠러가 2개예요?

🧒 엄마~. 저기 헬리콥터예요!

👩 그래. 무슨 일이 있나 보다. 여러 대가 줄지어 날아가네?

🧒 헬리콥터는 어떻게 하늘을 날죠? 일반 비행기하고는 다르게 날개가 있는 것도 아닌데?

👩 원리는 같아. 날개가 고정되어 있는 비행기는 엔진의 힘으로 앞으로 빨리 나가면서 양력을 얻는다면, 헬리콥터와 같이 날개가 회전하는 비행기는 엔진의 힘으로 날개를 돌려서 양력을 얻는다는 점이 다를 뿐이야.

🧒 그렇군요... 그런데 왜 헬리콥터는 프로펠러가 꼭 2개가 있어요?

👩 와~. 우리 리원이 정말 똑똑한데? 어떻게 그걸 알았지?

🧒 엄마 아들이어서요. 그런데 꼭 꼬리에도 날개가 있어요.

👩 리원이 관찰력은 최고다. 음... 우주선이나 로켓 발사하는 것 봤니?

🧒 네. 밑으로 불을 내뿜죠.

〈그림〉 로켓의 작용(연료의 추진)과 반작용(로켓의 상승)

👩 맞아. 우주선이 위로 날아가는 이유는 바로 아래로 연료기체를 내뿜기 때문이야.

🧒 그래요?

👩 응. 리원이가 책상을 치면 어때? 리원이 손도 아프지?

🧒 네. 맞아요.

👩 그게 바로 '작용-반작용의 법칙' 때문이지.

- 그... 달리는 차 밖으로 손을 내밀었을 때 공기가 손을 치고 아래로 내려가면 손은 올라간다는...
- 그렇지! 기억하네? 우리가 수영할 때 손으로 물을 뒤로 젖혀서 몸이 앞으로 나가는 것도 같은 원리야.
- 그렇군요. 그런데 왜 작용–반작용을 말하세요?
- 자, 헬리콥터에 프로펠러가 큰 것 하나만 있다고 해보자. 그 프로펠러가 빠른 속도로 시계 방향으로 회전하면 그 반작용으로 헬리콥터 몸체는 어떻게 될까?
- 아... 그렇다면 작용–반작용 법칙에 의해서 헬리콥터는 시계 반대 방향으로 돌게 되나요?
- 그렇지! 그러면 되겠어, 안 되겠어?

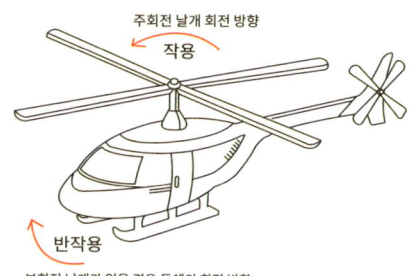

〈그림〉 주프로펠러의 작용에 의한 동체의 반작용

- 어... 그러면 안 될 것 같은데요? 어지러워요.
- 그래, 물론이지. 큰 프로펠러의 회전 때문에 헬리콥터 몸체가 돌게 되니, 그것을 막으려고 꼬리 프로펠러를 돌려서 몸체의 회전을 막는 거야.
- 와~ 그렇군요! 그런데 엄마, 작용–반작용 법칙은 항상 성립하지는 않는 것 같아요.
- 응? 왜 그렇게 생각해?
- 엄마랑 아빠랑 싸우실 때 보면 항상 엄마만 뭐라 그러시고 아빠는 가만히 계시잖아요?
- 그거야 아빠가 매번 잘못하니깐...
- 사람 사는 게 뭐 별것 있나요. 아빠 좀 많이 이해하세요.
- ... 아들은 키워 놓으면 아빠 편이라더니. 흥.

보다 자세한 설명

1. 작용과 반작용의 법칙

어떤 물체에 힘이 작용할 때는 반드시 쌍의 형태로 나타난다. 이 두 힘 중에서 한쪽의 힘을 작용이라 하고, 다른 쪽의 힘을 반작용이라 한다.

뉴턴의 운동법칙 중 제3법칙이다. 사과가 아래로 떨어지는 것(사과가 지구를 당긴다, 지구가 사과를 당긴다)이 그 예이다. 참고로 뉴턴의 운동법칙 중 제1법칙은 관성의 법칙(예: 버스가 급출발할 때 몸이 뒤로 쏠리는 현상)이고 제2법칙은 가속도의 법칙(F=ma, 즉, 차를 밀 때 한 명의 힘보다 두 명의 힘이 있을 때 더 잘 밀리는 현상)이다.

2. 헬리콥터의 종류

헬리콥터는 주프로펠러와 함께 부프로펠러(꼬리날개)가 항상 있다. 본문에서와 같이 부프로펠러는 주프로펠러의 회전 때문에 필연적으로 발생하는 동체의 회전을 막아주는 역할을 한다. 따라서 꼬리날개가 망가지면 조종이 불가능해진다. 전시나 긴급 상황에서 이런 일의 발생을 줄이고자 모양이 특이한 헬리콥터들이 등장했는데 부프로펠러의 구성과 배열에 따라 직렬식, 병렬식, 동축 반전식, NOTAR식 등이 있다.

직렬식 헬리콥터의 원리는 두 개의 회전 날개를 각각 앞과 뒤에 놓고 서로 반대로 회전시켜 회전력을 상쇄시키는 것이고, 병렬식 헬리콥터는 좌우에 회전 날개를 각각 설치하여 회전력을 상쇄시킨다. 동축 반전식 헬리콥터는 두 개의 회전 날개가 동일 축 상에서 서로 반대 방향으로 돌아가는 형태이다.

가장 최근에 등장한 NOTAR식 헬리콥터는 꼬리날개를 아예 없애고, 분사구에서 빠른 속도로 공기를 분사시켜 동체 회전을 막는 방식이다.

직렬식 헬리콥터

병렬식 헬리콥터

동축 반전식 헬리콥터

NOTAR식 헬리콥터

〈그림〉 헬리콥터의 종류[8]

3. 헬리콥터, 아이디어, 그리고 혁신

헬리콥터는 누가 발명했을까? 약간 애매하다면 프로펠러로 하늘을 나는 기계를 누가 처음 생각했을까? 답은 레오나르도 다빈치이다. 그렇다면 최초의 헬리콥터는 언제 나왔을까? 다빈치로부터 400년이 지난 1930년대에 구현이 되었다. 적절한 원자재, 부품, 생산기술이 400년이 지나고서야 가능해졌기 때문이었다.

새로운 기술, 인류를 바꾸어 놓는 혁신. 그것에 가장 중요한 것은 무엇일까? 대부분의 사람들은 '남들이 생각하지 못한 독창적인, 뛰어난 아이디어'라고 답한다. 그러면서도 한편으로는 시장에서 큰 성공을 거둔 제품이나 서비스를 보고 '아, 이거 내가 예전에 생각했던 건데…'라고 자주 느끼고 자랑 삼아 이야기하기도 한다. 아이디어가 그렇게 중요한 것이었다면 그 성공이 왜 자신의 것이 아니었는가?

8 http://omnicast.tistory.com/135

혁신은 아이디어에서 출발은 하지만 아이디어만으로 이루어지지는 않는다. 더 심하게 얘기하면 오히려 아이디어는 그다지 중요하지 않다. 일반적으로 10,000개의 아이디어가 있다면 실제로 상용화되어 우리가 접할 수 있게 되는 것은 불과 1~2개뿐이고 그중 1개가 성공할까 말까 한다. 아이디어가 실제 혁신에 이르기 위해서는 수많은 사람, 시간, 돈 등의 노력과 시행착오를 필요로 한다. 바로 '경험'이라는 축적의 시간이 필요한 것이다.

알파고는 구글이 만들었다. 구글은 2014년 알파고를 만들고 있는 '딥마인드'라는 회사를 인수한 뒤 발전시켰다. 딥마인드는 2010년에 세워졌다. 그럼 '알파고'의 역사는 2010년부터인가? 2000년대 시작된 딥러닝이라 불리는 신경망 네트워크, 1990년대 머신러닝(기계학습)을 거슬러 올라가 1956년 미국 다트머스 대학의 인공지능이라는 용어의 시발이 있었다. 60년의 축적이 있었기에 알파고가 인간을 이길 수 있었던 것이다.

매는 하늘 위를 맴돌다 사냥감을 발견하면 사냥감을 향해 가장 가까운 직선거리로 가지 않는다. 수직으로 급하강하며 에너지를 축적한 후 수평 방향으로 선회하여 속도를 급가속한다. 멀어 보이는 경로지만 직선거리보다 훨씬 빨리 목표에 다다르기 때문이다. 바로 축적의 시간이 주는 힘이다. 내공을 쌓는 시간. 그런 시간이 있었기에 비로소 목표에 다다르고, 목표에서도 오랫동안 머무를 수 있다. 연예인 중 유재석은 남들 못지않은 빠른 데뷔를 거쳤지만 10년을 무명으로 지내는 고생을 했다. 그 인내의 시간이 유재석을 바꾸어 놓았고 지금까지 국내 최고의 MC로 자리매김하고 있게 된 것이다. 우리 아이들에게도 인내와 축적의 힘을 가르쳐주자. 아이들의 축적을 기다릴 수 있는 부모가 먼저 되어야겠지만.

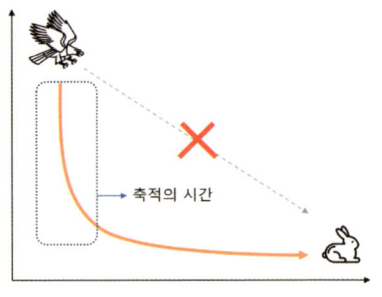

〈그림〉 매의 사냥 경로

15.
엄마, 자동차는 어떻게 멈춰요?

🧢 와~. 오늘 정말 재미있는 하루였어요. 비행기도 타고 배도 타고...

👩 그래. 배고프지? 우리 맛있는 거 먹으러 가자. 아이쿠~ 깜짝이야. 저 녀석... 갑자기 이렇게 뛰어나오면 어떡해. 리원아, 괜찮니?

🧢 그럼요. 안전벨트가 있는데요.

👩 그래. 다행이다.

🧢 그런데, 엄마 자동차도 자전거처럼 브레이크를 밟아서 서지요?

👩 맞아. 또 궁금하구나?

🧢 네. 그런데 이렇게 크고 빨리 달리는 자동차가 어떻게 이렇게 금방 설 수 있을까요? 엄마는 살짝 브레이크를 밟으셨을 뿐이잖아요?

👩 그래. 사실 생각해보면 신기하지? 일단 브레이크는 어떻게 동작하는지부터 얘기해 보자. 팽이 돌려봤어?

🧢 네. 학교에서도 만들어 봤어요.

👩 돌고 있는 팽이 멈출 때 어떻게 했어?

🧢 음... 도는 걸 그냥 딱 잡았던 것 같은데요?

👩 그렇지. 돌고 있는 팽이를 손으로 잡으면 조금 돌다가 서지? 마찰을 줘서 속도를 줄이는 거지.

🧢 그런데 팽이가 빨리 돌고 있을 때 잡으면 좀 뜨거워졌어요.

👩 그렇지? 팽이의 운동이 열로 바뀌면서 멈추게 되는 거야.

🧢 그런 거군요. 대충 원리는 이해가 가요.

👩 다행이다. 자동차도 마찬가지야. 우리가 팽이를 손으로 잡듯이, 자동차 바퀴하고 붙어서 돌고 있는 판이나 통(드럼)을 세게 잡아서 마찰을 주는 거야. 우리 차 같은 승용차들은 대부분 바퀴하고 붙어 있는 디스크라는 판을 브레이크 패드라는 장치가 잡아줘서 마찰로 바퀴를 멈추게 해.

🧢 그렇군요... 그런데 엄마가 밟는 힘만으로 이 자동차를 멈추게 하는 거예요?

👩 아주 좋은 질문이야. 리원아, 지렛대 알지?

🧢 네. 작은 힘으로도 큰 힘을 낼 수 있는... 그럼 지렛대 원리로 바퀴를 멈추게 하는 건가요?

〈그림〉 디스크방식 브레이크[9]

- 음, 맞아. 사실은 브레이크 오일이라고 기름이 들어가 있는데 엄마가 브레이크를 밟으면 그 기름이 지렛대 원리하고 비슷하게 몇 배 이상의 힘으로 키워서 브레이크를 동작시켜줘.
- 우리 엄마는 모르시는 게 없어요.
- 험험. 배고프다. 빨리 밥 먹으러 가자.

 보다 자세한 설명

1. 마찰과 브레이크

한 물체가 다른 물체의 표면에 닿아서 움직임을 방해하는 힘을 마찰력이라 한다. 브레이크가 회전하는 자동차 바퀴를 멈추는 것은 이 마찰 때문이다.

재미있는 것은 자동차를 멈추는 것도 마찰 때문이지만, 자동차를 움직이는 것도 마찰 때문이라는 사실이다. 만약 바퀴와 땅 사이에 마찰이 없다고 생각해보자. 제아무리 바퀴가 회전하여도 마찰이 없으니 앞으로 나갈 수가 없다. 마치 얼음 위에서 바퀴를 굴리는 것처럼.

---

9 위키피디아

2. 브레이크의 작동 구조

일반적인 승용차의 제동장치는 유체를 이용한 유압 브레이크를 사용한다. 운전자가 브레이크 페달을 밟으면 브레이크 오일을 통해 자동차의 바퀴에 제동력을 전달한다. 전달된 힘은 브레이크의 마찰재(패드나 라이닝)를 바퀴와 함께 회전하는 판(디스크)이나 통(드럼)에 밀착시켜 바퀴의 운동에너지를 감소시킨다.

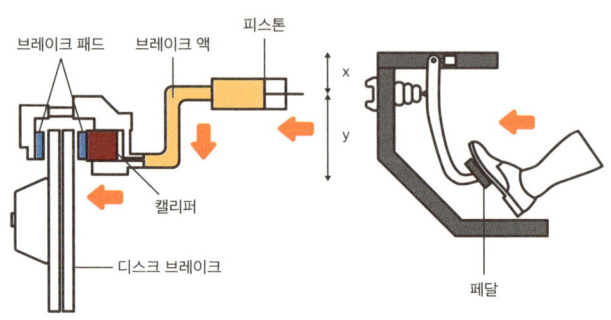

〈그림〉 유압 브레이크의 구조

자동차에 사용되는 브레이크는 대표적으로 드럼 브레이크와 디스크 브레이크가 있다.

드럼 브레이크는 회전하는 통 속에 있는 마찰재를 통 바깥쪽으로 밀어내어 안쪽에서 마찰시키는 방식이다. 마찰면적이 넓어서 제동력은 좋으나 통 안쪽에서 마찰이 일어나므로 열 배출의 문제가 있다. 대형트럭 등에 주로 사용되고 있다.

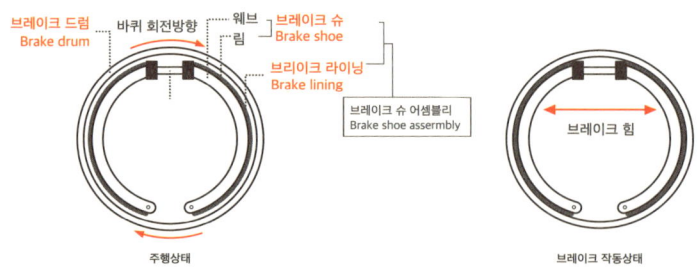

〈그림〉 드럼 브레이크의 작동 원리

디스크 브레이크는 공기 중에 그대로 노출된 디스크를 디스크 좌우에 배치된 브레이크 패드를 이용해 마찰시켜 제동력을 만들어 내는 방식이다. 공기 중에 노출되어 있는 만큼 드럼 브레이크에 비해 빠르게 열을 배출할 수 있고, 과열 시에도 안정된 제동력을 보여준다는 장점으로 최근에는 대부분의 승용차에 사용되고 있다. 브레이크 패드가 디스크에 마찰을 계속 주게 되니 닳게 된다. 만약 브레이크를 밟을 때 '끼익' 하는 쇳소리가 난다면 패드가 거의 마모된 상태이다. 패드가 닳게 되면 디스크에 손상이 가서 비용도 비용이지만 안전에 큰 위험이 된다. 브레이크 패드를 주기적으로 점검하여 교체해야 하는 이유이다.

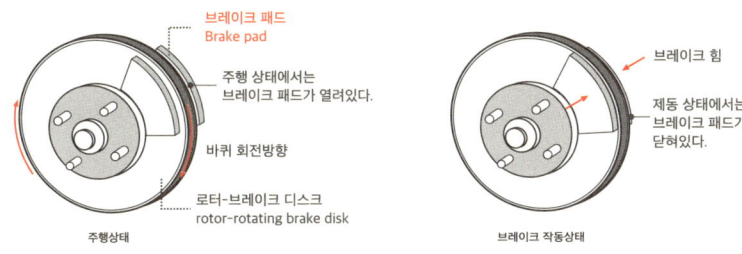

〈그림〉 디스크 브레이크의 작동 원리

3. 브레이크 힘을 키우기 위해: 파스칼의 원리

제동력을 키우기 위해 유압식 브레이크에서는 "파스칼의 원리"를 이용한다. 파스칼의 원리는 '액체를 용기 속에 밀폐하고 그 일부에 압력을 가했을 때, 그 압력은 모든 부분에 동일하게 전달된다.'라는 원리이다. 즉, 특정 부분에 힘을 가하면 그 힘과 같은 압력이 모든 표면에 고르게 가해진다는 것이다.

아래 〈그림〉의 예에서 브레이크 페달을 밟는 힘은 1kgf에 불과하지만, 자동차 브레이크에 걸리는 힘은 10kgf로 10배에 달한다. 이 이유는 두 부분에 작용하는 압력은 동일한데 페달 쪽의 면적이 1/10에 불과하기 때문에 페달 쪽에 작용하는 힘의 10배를 브레이크 쪽에 증폭하여 전달할 수 있게 되는 것이다. 일종의 지렛대의 원리이다.

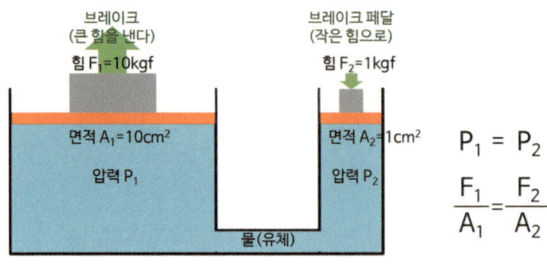

〈그림〉 파스칼의 원리

4. 자동차의 미래, 자율주행차?!

운전자가 차량을 조작하지 않아도 스스로 주행하는 자율주행차. 1980년대 초 미국 드라마 '전격 Z작전(원제: Knight Rider)'에 등장한 '키트(K.I.T.T)'처럼 자율주행차는 오랫동안 인류의 꿈이었다. 그러나 이제 그 꿈은 더 이상 꿈이 아닌 현실이다. 이미 많은 자율주행차가 도로 위를 달리고 있기 때문이다. 업계에서는 2020년이 완전한 자율주행차의 원년이 될 것으로 전망하고 있다.

자율주행을 위해서는 주행상황 인지, 주행 조정(cruise control), 차선 이탈 방지, 자동 긴급 제동, 주차보조 시스템 등의 인공지능 시스템이 요구된다. 자동차업계보다 구글, 엔비디아(nVidia)[10] 같은 IT기업들이 오히려 앞서 있는 이유이다.

자율주행차가 도입되기 위해서는 여러 문제들이 해결되어야 한다. 사실 사람들이 가장 걱정하는 것은 안전성인데, 몇몇 사고들이 발생하고 사망사고도 발생했지만[11] 오히려 사람보다 안전할 정도로 기술은 진보했다. 다만, 해킹이나 버그의 위험이 존재한다. 그리고 사고가 발생했을 경우 책임소재 여부와 보험 문제가 발생한다. 한편, 부득이한 상황에서 직진하여 5명을 희생시킬 것이냐, 방향을 틀어 벼랑으로 떨어져 운전

---

[10] 그래픽 카드 업체로 많이 알고 있는 엔비디아(nVidia)사는 의외로 자율주행차 분야의 선도 업체 중 하나이다. 카메라로부터 받아들인 영상을 분석하기 위해서는 고성능 그래픽 처리가 필요하지 않겠는가?

[11] 2016년 5월 테슬라사의 모델S에서 발생한 사고는 자율주행차에서 발생한 첫 사망사고가 되었다. 차체가 높은 컨테이너 트레일러가 앞에서 교차하는 상황에서 모델S의 센서가 컨테이너와 하늘을 구분하지 못했고, 트레일러의 하부로 차량이 통과할 수 있을 것으로 판단하여 제동을 하지 않아 발생한 사고였다.

자 1명을 희생하게 할 것이냐 라는 상황에 놓였을 때 어떻게 판단하도록 프로그래밍 되어야 하는가의 문제(트롤리 딜레마)가 존재한다.

자율주행차가 현실화되면 어떤 변화가 나타날까? 일단 음주운전, 대리운전이 감소하지 않을까? 주차 문제도 조금은 해결되지 않을까? 각종 비리 사건에서 고위층 운전자가 증인이 되는 경우가 많은데, 앞으로 비리 폭로가 줄어들게 될까? 우리 아이들의 참신한 생각을 들어보시길.

16.
엄마, 방사능은 왜 위험해요?

- 🧒 와~. 회는 너무 맛있어요!
- 👩 그래. 엄마도 회를 너~무 좋아하는데, 역시 리원이 넌 엄마 닮았어. 그나저나 이 물고기 설마 방사능에 오염되지 않았겠지?
- 🧒 왜요? 지난번 원자력 발전소 폭발 때문에요?
- 👩 응. 그때 원자력 발전소가 폭발하면서 방사능 물질이 바다에 흘러들어갔거든... 이 물고기가 방사능에 오염되지 않았기를...
- 🧒 방사능이 뭐예요?
- 👩 일단 방사(放射)라는 말은 중심에서 사방으로 무엇인가 나간다는 말이야. 거기에 능력자의 '능'자를 붙인 방사능이라는 말은 방사를 할 수 있는 능력을 말해.
- 🧒 뭐를 방사하는데요?
- 👩 방사선이란 것을 내보낼 수 있는 능력이지.
- 🧒 방사선은 뭐예요?
- 👩 방사선이란 매우 빠른 속도로 날아가는 아주 아주 작은 알갱이이거나 또는 큰 에너지를 가진 전자기파를 말해. 리원이 다쳤을 때 X레이 찍어봤지?
- 🧒 네. 팔 다쳤을 때 병원에서 많이 찍었죠.
- 👩 X레이를 찍으면 우리가 뭘 볼 수 있었지?
- 🧒 뼈요.
- 👩 그렇지. X레이는 우리 몸을 통과해서 우리가 볼 수 없는 뼈를 보여주지? 그렇게 X레이처럼 물질을 통과하는 것을 통틀어서 방사선이라고 해.
- 🧒 그럼 방사선은 어디에서 나와요?
- 👩 방사선을 내는 물질이 따로 있어. 그것을 방사성(방사능) 물질이라고 해. 우리 전구를 생각해볼까? 만약 전구를 방사성 물질이라고 한다면, 전구가 빛을 내는 능력, 즉, 전구가 얼마나 밝으냐에 해당하는 것이 방사능이고, 전구에서부터 나오는 빛이 방사선이야.
- 🧒 그럼 응아가 방사능 물질이면 응아 냄새는 방사선인가요?
- 👩 ... 아주 적절하긴 한데, 밥 먹는데 좋은 비유는 아니네...

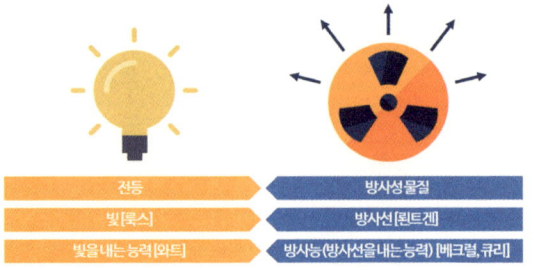

〈그림〉 방사성 물질, 방사선, 방사능

- 그럼 방사선은 왜 나오는 거예요?
- 방사선이 나오는 원인은 여러 가지가 있는데, 대표적인 것만 예를 들어보자. 우리 신발장 있지?
- 네.
- 신발장에 신발이 너무 많으면 어떻게 해야 할까?
- 뭐... 안 신는 신발을 누구 주던가 버리면 되겠죠?
- 그렇지. 그럼 신발 중에 짝이 안 맞는 신발이 있으면?
- 아쉽지만 누구 줄 수도 없으니 버리나요?
- 그래야겠지? 그게 방사선이야.
- 네?
- 이 세상에 있는 모든 물질은 원자라는 것으로 구성되어 있어. 원자라는 것은 원자핵이라는 것이 있고, 그 주변을 전자라는 것이 빠른 속도로 돌고 있는 거야. 원자핵이 태양이면 전자가 지구라고 할까?
- 아, 그렇군요.
- 그런데 그 원자핵이라는 것은 또 플러스(+)의 전기를 가진 양성자라는 것과, 전기는 없으면서 무게는 양성자하고 같은 중성자가 아주 세게 붙어 있어. 원자핵이 신발장이면 양성자하고 중성자가 짝이 맞는 신발이야.
- 음... 그런데요?
- 우리가 주변의 산소, 수소, 금이나 철 같은 대부분의 원자들은 신발장 안에 신발이 적당하게 차 있고, 신발의 짝도 다 맞아. 즉, 안정적이어서 쉽게 변하지 않지.

🧒 그럼 안 그런 원자가 있어요?

👩 응. 우라늄 같은 원자는 자체로 양성자하고 중성자가 너무 많아서 무거워. 그래서 얘는 스스로 양성자하고 중성자를 버리면서 가벼워지려고 해. 즉, 신발장에 신발이 너무 많아서 신발을 버리는 것이지. 이때 나오는 방사선을 알파선이라고 해.

🧒 다이어트 하는군요? 엄마보다 낫네.

👩 ... 암튼, 또 어떤 원자들은 중성자가 양성자 수보다 많아서 짝이 안 맞아 불안정해. 그래서 이때는 중성자를 내보내거나 중성자가 양성자로 변하면서 전자를 내보내거나 해. 짝이 안 맞는 신발을 내보내는 것하고 비슷한 거지. 이때 중성자가 나오면 중성자선, 전자가 나오면 베타선이라고 해.

🧒 그렇군요.

👩 아까 방사선은 알갱이이거나 전자기파라 그랬지? 방금 말한 신발을 버리는 것들은 알갱이 형태의 방사선이야.

🧒 그럼 전자기파 형태의 방사선은 뭐예요?

👩 이렇게 신발을 버리고 나면 엄마 마음이 어떨까?

🧒 음... 신발을 사랑하시는 엄마 마음이 허전하신가요?

👩 그렇겠지? 엄마 마음에 그렇게 허전함이 쌓이면...

🧒 허전함을 달래시려고 폭풍 쇼핑을 하시던가 하시겠죠.

👩 ... 그런 엄마가 있겠지? 자, 보자. 아까 말한 것처럼 원자에서 뭔가가 나오게 되면 가벼워지겠지?

🧒 맞아요. 다이어트 한 거니까요.

👩 아인슈타인 할아버지께서는 그 가벼워진 만큼에다가 빛의 속도를 두 번 곱한 것만큼 아주 큰 에너지가 생기는 것을 발견하셨어.[12] 이 에너지는 원자를 불안정하게 해서, 원자는 이 에너지를 밖으로 내보내고 다시 안정적이 되고 싶어 해. 마치 엄마가 허전함을 다른 곳에 푸는 것처럼. 이때 나오는 것이 감마선, X레이 같은 전자기파 형태의 방사선이야.

🧒 그럼 그런 방사선이 위험한 건가요? 왜 위험해요?

---

[12] 그 유명한 "$E=mc^2$".

🧑 방사선은 아까도 말한 것처럼 매우 빠른 알갱이이거나 높은 에너지를 가진 전자기 파여서 우리 몸을 구성하고 있는 원자들에 충격을 줘서 변하게 만들거든. 피부 세포가 제 역할을 못 하게 되어 온갖 병균에 시달리게 되거나, 눈 세포가 손상돼서 보지를 못하게 되거나, 또 유전자(DNA)를 손상시켜서 암세포를 만들거나 희소한 병을 만들게 하지. 물론 많은 방사선을 일시에 쬐면 즉시 사망하게 하고.

🧒 아... 무섭네요.

🧑 응, 맞아. 퀴리 부인 알지?

🧒 네.

🧑 퀴리 부인은 방사능 물질인 라듐을 발견하고 많은 연구를 하셨는데 그때는 방사능의 위험이 알려지지 않은 터라 퀴리와 가족들은 대부분 방사능에 의한 골수암, 백혈병 등으로 돌아가셨어.

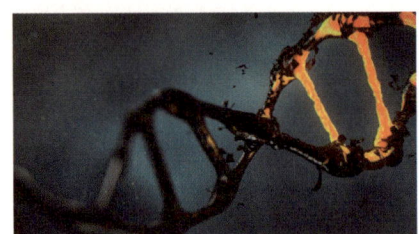

🧒 아... 불쌍해요. 이렇게 위험한 방사선을 막으려면 어떻게 해야 돼요?

🧑 방사선의 종류에 따라 달라. 알파선은 위력은 엄청난데 종이 한 장도 통과 못 할 정도로 투과성이 매우 낮아서 피부를 통과하지는 못해. 베타선은 피부를 통과할 수 있지만 알루미늄판으로 막을 수 있어. 감마선이나 엑스선은 전자기파라 콘크리트 벽도 통과할 정도로 투과력이 세서 밀도가 높은 납으로 막아야만 해.

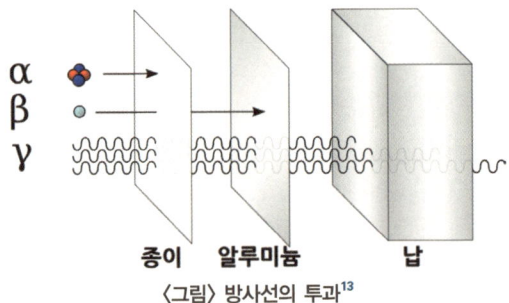

〈그림〉 방사선의 투과[13]

---

13 위키백과

- 아~. 그럼 납으로 된 집에 살면 안전하겠네요?
- 하하. 맞아. 우리 몸 밖에서 오는 방사선은 그렇게 막을 수 있겠네. 그런데 그것만으로는 충분하지 않아.
- 왜요?
- 방사능 물질을 우리가 먹을 수 있거든.
- 아, 그래서 아까 물고기 오염 걱정하셨나요?
- 응. 방사능 물질은 물질이기 때문에 없어지는 것이 아니고 지구상 어딘가에 계속 남아 있게 돼. 그 물질을 물고기가 먹었고, 그 물고기를 다시 사람이 먹으면 사람 몸속에 방사능 물질이 들어오게 되거든.
- 아니, 그러면 어떻게 돼요?
- 어떻게 되겠니. 몸 안에서 매우 오랫동안 방사선을 배출하겠지. 밖에서는 피부 때문에 못 들어올 알파선이 이제는 아예 몸 안에서 생성이 돼서 강력한 에너지로 내부 장기를 차례로 망가뜨리지. 그 위험 정도는 말 안 해도 알겠지?
- 엄마... 무서워요.
- 사실 이 방사능은 조절이 돼서 적당히 나오게 하면 좋은 일도 많이 해. 암세포를 죽이는 방사능 치료도 하고, 원자력 발전소에서 전기를 만들어주기도 하고...
- 그러네요. 좋은 일도 하는군요.
- 그래. 참 미워할 수도, 예뻐할 수도 없는 리원이 같은 존재지. 너무 어려운 얘기를 많이 했더니 배가 다 꺼진 것 같다. 이제 매운탕 먹을까?

 보다 자세한 설명

1. 물질, 분자, 원자, 그리고...

물질은 분자의 결합체이다. 사람의 세포도, TV도, 컵도 모두 분자구조의 결합체인 것이다. 그 분자는 다시 원자의 결합체이다. 물은 수소원자 2개와 산소 원자 1개가 결합한 것이다.

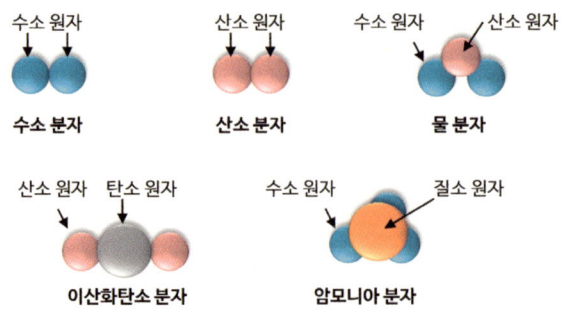

〈그림〉 분자와 원자

그렇다면 이제 원자는 더 이상 분해할 수 없는 것인가? 예전에는 그렇게 알려져서 아톰(원자)이라는 만화도 나왔었다. 그러나 이제 원자는 더 이상 물질을 구성하는 최소단위가 아니다. 원자는 원자핵이 있고 그 주위를 전자가 돌고 있는, 마치 태양 주위를 위성들이 돌고 있는 형태를 띠고 있다.

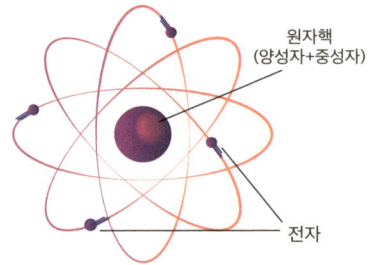

〈그림〉 원자의 구조

그렇다면 이 원자핵은 또 무엇인가? 바로 양성자와 중성자라는 것이 결합되어 있다. 양성자는 전기적으로 양의 성질(+)을 띠고 있어서 양성자(proton)라 불리며, 중성자는 전기적으로 중성이라 중성자(neutron)로 불린다.

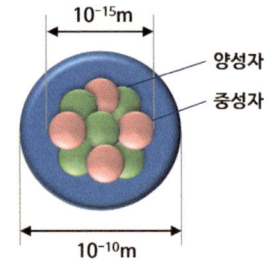

〈그림〉 원자핵의 구조

예전 중·고등학교 시절에 배운 화학 주기율표를 생각해 보면 금(Au)은 주기율표상 79번이다. 주기율표의 번호는 양성자의 개수를 말한다. 즉, 금의 양성자의 개수는 79이다. 대부분의 원소는 같은 수의 중성자를 갖고 있어서 원자핵의 무게는 주기율표 번호의 2배이며, 양성자 수와 같은 수의 전자를 갖고 있어서 전기적으로 중성이다.

2. 방사선의 정의와 종류

1) 방사선의 정의

방사선이란 공간 및 물질을 이동하는 파동 또는 입자의 형태를 가지고 있는 에너지로 정의된다. 에너지가 높아 불안한 물질이 안정된 상태를 찾기 위해 방출하는 에너지의 흐름이다.

자연계의 물질은 가장 안정한 상태로 돌아가려고 한다. 가상으로 하나의 예를 들어보자. 금은 주기율표 79번으로 양성자의 개수가 79개이다. 그런데 중성자 수가 79개가 아니라 80개, 81개가 되어 있는 원자가 있다고 생각해보자(이들을 동위원소라고 한다). 양성자 79개에 대해 중성자 79개가 가장 자연적으로 안정한 상태인데, 중성자가 1, 2개 많게 되면 이 중성자를 떼어내고 가장 안정한 상태로 가려 한다. 이때 중성자와 양성자는 핵력이라는 강한 힘으로 묶여 있는데, 이것이 떨어질 때마다 입자나 전자기파의 형태로 에너지를 방출하게 되는데 이것이 방사선이다.

2) 방사선의 종류

방사선은 전리방사선과 비전리방사선으로 크게 나누어지고, 전리방사선은 입자형과 전자파형으로 구분된다. 일반적으로 방사선이라고 하면 전리방사선을 말한다.

〈표〉 방사능의 종류

전리방사선	입자형 방사선	알파선, 베타선 등
	전자파형 방사선	감마선, 엑스선
비전리방사선		자외선, 가시광선, 적외선, 초단파 등

* 전리(電離, ionization, 이온화)란 방사선이 다른 물질의 원자에 충돌하여 원자핵 주위를 돌고 있는 전자를 분리시키는 것을 말한다. 충돌된 원자는 양이온(+)과 전자(−) 한 쌍으로 분리된다.

알파(α)선: 우라늄이나 토륨처럼 많은 수의 양성자와 중성자로 이루어진 무거운 원소는 그 원자핵이 불안정하여 양성자 2개와 중성자 2개로 된 입자(알파입자)를 내어놓으면서 더 가벼운 원소로 변환한다(알파변환). 이때 나오는 알파입자는 헬륨의 원자핵과 같으

	며, 이 입자의 흐름을 알파선이라 한다. 전리작용이 매우 강하여 유해성이 매우 높으나 투과성이 약하여 피부를 통과하지 못하고 종이로 막을 수 있다.
베타(β)선:	원자핵 안에 중성자가 너무 많은 핵은 불안정하여 1개의 중성자가 1개의 전자를 내보내고 자신은 1개의 양성자로 된다(베타변환). 이때 나오는 전자를 베타(β−)입자라고 하고, 이 전자의 흐름을 베타선이라고 한다. 이는 피부를 투과할 수 있고, 알루미늄판으로 막을 수 있다.
감마(γ)선:	원자 내부의 핵이 붕괴하여 알파선이나 베타선이 방출될 때, 아주 약간의 질량이 줄어드는데 이 질량은 아인슈타인의 식 $E=mc^2$에 따라 커다란 에너지로 전환된다. 이 에너지는 원자핵을 불안정하게 만든다. 불안정해진 원자핵은 안정한 상태로 돌아가며 큰 에너지를 가진 전자기파를 내놓는데, 이를 감마선이라 한다. 유사하게 원자핵이 아닌 원자 내의 전자가 에너지를 방출하면서 나오는 전자기파를 X선이라고 한다. 투과력이 커서 밀도가 높은 납을 재료로 두껍게 하여 막을 수 있다.

3. 원자력과 방사능

핵분열이란 우라늄−235(235U)처럼 무거운 원자핵이 중성자와 충돌하여 두 조각으로 갈라지면서 몇 개의 중성자와 열에너지, 여러 종류의 방사선 등을 내는 현상을 말한다. 이때 나온 중성자들은 다른 우라늄−235의 핵에 부딪혀 같은 핵분열을 계속해 일으키는데 이러한 현상을 '핵분열 연쇄반응'이라 한다.

원자력이란 이런 핵분열 연쇄반응에서 나오는 중성자나 열에너지를 활용하는 것이다. 핵분열 연쇄반응을 서서히 일어나도록 조절하여 중성자나 열에너지를 이용하게 만든 것이 원자로(발전용 원자로 등)이고 일시에 급격히 연쇄반응을 하도록 만든 것이 원자폭탄이다. 따라서 원자로와 원자탄은 그 설계와 구조가 확연히 다르다.

4. 방사선이 인체에 미치는 영향

방사선 중 인체에 큰 영향을 미치는 것은 전리방사선이다. 전리방사선이 위험한 이유는 이름 그대로 방사선의 전리(電離)작용 때문이다. 방사선은 인체를 통과하면서 전리작용을 통해 세포의 증식과 생존에 필수적인 DNA에 변성을 일으켜 세포의 사멸, 기능 마비 또는 돌연변이를 가져오기 때문이다. 예를 들면 세슘-137은 강력한 감마선으로 암세포를 죽이기 때문에 병원에서 암의 치료에 사용되지만, 정상세포가 이에 노출되면 반대로 암세포가 되는 등 장애를 유발한다. 입자의 성분을 갖는 알파선과 베타선은 체외에 있으면 우리 몸에 들어올 수가 없어 피해를 주기가 어려우나 방사능 물질을 섭취하여 우리 몸 안에서 발생하게 되면 매우 큰 유전자 변형을 일으키게 된다.

5. 방사능의 단위와 연구자들

방사능량의 단위는 예전에는 Ci(큐리)가 사용되어 왔으나 국제도량형총회의 결의에 따라 Bq(베크렐)을 사용한다. 그리고 인체에 피폭되는 방사선량은 시버트(Sv)라는 단위를 사용하고 있다.
보통 사람이 생활하면서 피폭

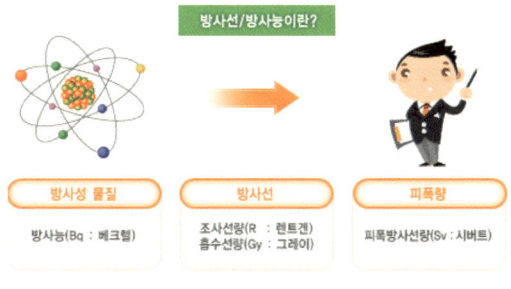

〈그림〉 방사능 단위[14]

되는 자연 방사선량은 연간 약 2.4mSv 정도이다. X레이 촬영 한 번에 0.1mSv의 방사선에 노출된다. 일반적으로 5mSv 내는 큰 증세가 없는 것으로 알려져 있다.

위의 방사능과 관련된 단위들은 모두 연구자들의 이름을 딴 것이다. 방사선을 처음 발견한 사람은 독일의 뢴트겐이다. 그는 1895년 여러 가지 실험을 하다가 형광물질을 바른 판자(형광판)가 환하게 빛을 내는 것을 보고 알 수 없는 빛, 즉 엑스(X)

---

14 식품의약품안전처

선을 발견하였다. 1896년 프랑스의 베크렐은 우라늄 광석에서도 엑스선과 비슷한 방사선이 나온다는 것을 발견하였고, 1898년 퀴리 부부는 베크렐의 연구에 힌트를 얻어 우라늄 광석으로부터 새로운 원소인 라듐을 발견하였다. 퀴리 부인은 지속적인 연구로 방사능 분야 연구의 초석을 닦았으며, 방사능, 방사선이란 용어를 처음으로 명명하였다. 1920년경부터 영국의 그레이는 방사선 측정에 대해서, 스웨덴의 시버트는 방사선이 인체에 미치는 영향에 대한 연구로 기여하였다.

6. 퀴리 가족

퀴리 부인으로 알려진 마리 퀴리와 남편 피에르 퀴리는 1903년 라듐 연구로 공동으로 노벨 물리학상을 받았다. 1911년에는 라듐 및 폴로늄의 발견으로 마리 퀴리 단독으로 노벨 화학상을 수상하였다.

퀴리 부인은 슬하에 딸 둘을 두었는데, 큰딸 이렌 졸리오퀴리와 남편 프레데리크 졸리오 퀴리는 인공방사선 연구로 1935년 공동으로 대를 이어 노벨 화학상을 받았다.

둘째 딸인 이브 퀴리와 남편인 헨리 라부아스 주니어는 유엔아동기금(UNICEF)에서 활동하였다. 이 단체가 1965년 노벨평화상을 받았는데 이때 남편이 단체를 대표하여 수상하였다. 그래서 둘째 딸인 이브 퀴리는 아버지, 어머니, 언니, 형부, 남편 모두 노벨상을 받았는데 본인만 못 받아서 "저는 우리 집안의 수치입니다"라는 농담을 했다고 전해진다. 피아니스트 겸 저널리스트로 활동하였고, 어머니 사후에 〈퀴리 부인〉이라는 전기를 써서 세계적인 베스트셀러 작가가 되었고, 프랑스 최고 훈장인 레종 도뇌르 훈장, 전미 도서상, 폴란드 부활기사십자훈장 등을 받고, 100세 생일에 세계 국가원수들로부터 축전을 받고 무려 103세까지 장수한 사람이 "집안의 수치"였다니…?

이브 퀴리는 집안의 전통을 비껴 과학자의 길을 걷지 않았다. 엄청 똑똑했지만 인생은 상대적이라 세계 최강의 부모와 언니를 두었기에 콤플렉스 내지는 같은 길을 걸어야 한다는 부담이 있지 않았을까. 한편으로는 그것이 그녀를 성장시키는 힘이었을 것이다.

마리 퀴리는 둘째 딸에게 어떤 길을 강요하지 않았고 조용히 지켜보았다고 한다. 우리 아이들도 살면서 콤플렉스를 느낄 것이다. 이때 본인이 갖고 있는 재능에 집중하도록 하여, 발전의 원동력이 될 수 있도록 도와주는 것이 부모의 역할이 아닐까.

17.
엄마, 왜 민물고기는 바다에서 못 살고, 바닷물고기는 민물에서 못 살아요?

- 아~~. 시원하다. 역시 매운탕은 우럭이에요.
- 리원이가 벌써 매운탕 맛을 아네?
- 흐흐. 네. 그런데 이 우럭은 바다에 사는 거죠?
- 응. 그렇지. 저 수족관 물은 바닷물이야.
- 그럼 저 수족관에 강물을 넣으면 우럭은 못 살아요?
- 응. 곧 죽게 돼.
- 왜 바닷물고기는 그냥 물에서 못 살아요?
- 우리 리원이, 또 궁금증이 발동했네. 그전에 일단 우리 지금 이 매운탕이 좀 짜지 않니?
- 네. 오래 끓였더니 짜졌어요. 음냐.
- 그럼 어떻게 해야 해?
- 아주머니한테 물을 더 부어달라고 해야겠죠?
- 그렇지. 만약 이 그릇의 가운데 큰 막이 있고 반에 매운탕이, 나머지 반에 보통물이 있다고 생각하자. 만약 막을 빼면 어떻게 될까?
- 그야... 서로 섞여서 매운탕이 싱거워지겠죠.
- 그렇다면 만약 막이 있는데 물은 통과할 수 있고 소금이나 뭐 그런 것들은 통과할 수 없는 아주 얇은 막이 있다고 생각해보자. 그러면 어떻게 될까?
- 음... 글쎄요...?
- 자연은 평형상태를 좋아해. 그래서 그런 경우 서로 농도를 같게 하려는 성질이 작용하지. 그러면 어떻게 해야 서로 농도를 같게 할 수 있을까?
- 소금은 통과 못 한다고 했으니까... 물이 매운탕 쪽으로 들어오나요?
- 그렇지!!! 그런 것을 바로 삼투압이라고 해.
- 삼투압이요?
- 응. 목욕탕에서 목욕 오래 하고 나면 손가락과 발가락이 쭈글쭈글해진 적 있지?
- 네. 맞아요. 그리고 보니 샤워할 때는 안 그랬는데 탕 안에 오래 들어가 있으면 그랬네요.

🧑 그래, 맞아. 모든 생명체는 몸 안에 필수적인 염분(나트륨)을 가지고 있어. 즉, 소금이 있는 거지. 그런데 목욕탕에 있는 물에는 소금이 거의 없어. 그런데 우리 피부세포는 아까 얘기한 것과 같은 반투과성의 얇은 막이야.

👦 아하! 그러니 우리 몸 안에 있는 소금은 나갈 수 없으니 탕에 있는 물이 우리 몸으로 들어와서 그렇게 손가락이 불게 되는 건가요?

🧑 짝! 짝! 짝!

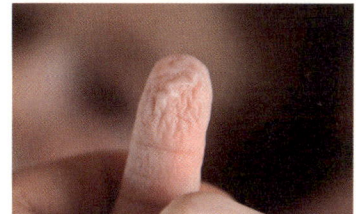

👦 그런데 이게 물고기랑 어떤 관계가 있어요?

🧑 자, 보자. 물고기 피부나 세포도 사람처럼 반투막으로 되어 있어. 모든 생명체는 몸 안에 생명유지에 필요한 소금(나트륨)을 가지고 있는데, 바닷물고기는 몸속(1.5%)보다 외부 바닷물의 소금 농도(3.5%)가 높기 때문에 몸속의 수분이 계속 빠져나가. 그래서 물을 최대한 많이 마시고 소변도 적게 배출해.

👦 강이나 호수는 소금이 없으니 민물고기는 몸속의 소금 농도가 바깥보다 높아서 물이 끊임없이 몸 안으로 들어오겠네요?

🧑 그렇지! 그래서 물이 들어오는 만큼 밖으로 내보내야 하기 때문에 가급적 물을 마시지 않도록 입을 꼭 다물고 소변도 많이 배출하지. 바닷물고기와 민물고기는 이런 방식의 차이가 있어서 사는 곳이 정확히 구분돼.

👦 그렇군요... 그런데 생각해보니 왜 우리가 먹는 회는 왜 다 바닷물고기예요?

🧑 민물고기도 회로 먹기도 해. 하지만 회는 날 거니 기생충이 있으면 안 되겠지? 바닷물고기는 염분이 많은 바닷물에 살아서 병원성 미생물에 감염될 확률이 적어서 그래. 자, 이제 슬슬 숙소로 갈까?

 보다 자세한 설명

1. 삼투압(滲透壓, osmotic pressure)

삼투압 현상은 1867년 독일의 화학자 트라우베(Moritz Traube)가 최초로 발견하였고 1877년 페퍼(Wilhelm Friedrich Philipp Pfeffer)가 인공반투과성막으로 삼투압을 정량적으로 측정하며 삼투압이론을 확립하였다. 페퍼는 식물세포에 어떻게 물이 들어갈까를 연구하던 중에 세포막을 이용한 설탕용액의 삼투현상을 측정하고, 삼투압이 온도에 비례한다는 것도 발견하였다. 그 후 1886년 반트호프(Jacobus Henricus Van't Hoff)는 실험을 통하여 용액에서의 삼투압은 용매와 용질의 종류와 상관없이 용액의 농도와 절대온도에 비례한다는 사실을 밝혀냈는데 이를 '반트호프의 법칙'이라고 한다.

반투과성막은 용액(예: 설탕물) 속에 들어있는 용질(예: 설탕)은 입자가 커서 통과시키지 못하고 용매분자(예: 물)만 통과시키는 막이다. 이 막을 경계로 한쪽에는 순수한 용매를, 다른 한쪽에는 용액을 두면 용매들이 양방향으로 서로 이동하게 된다. 그러나 처음에는 순수한 용매 쪽에 있는 용매가 용액 쪽으로 더 빠르게 이동하여 용액 쪽의 높이가 더 증가한다. 왜냐하면, 자연계에서는 농도 차이가 줄어드는 방향으로 용매들이 움직이려고 하기 때문이다. 따라서 시간이 지나서 관에 있는 용액의 높이가 어느 정도 증가한 후에는 그 결과로 생기는 압력 때문에 용액 쪽으로 이동하는 속도가 점차 느려지게 되어 결국에는 양방향으로 용매가 이동하는 속도가 같아지게 된다. 이 점에서 용액의 높이는 더 이상 변하지 않게 되는 것이다. 이때 차이가 난 수압이 삼투압이며, 용매가 반투과성막을 통해 이동하는 현상이 삼투현상이다. 이것을 달리 표현하자면, 삼투현상은 순수한 물(용매)을 포함한 저농도 용액에서 고농도 용액 쪽으로 반투과성막을 경계로 물(용매)이 이동하는 현상이며 삼투압은 이때 물(용매)이 이동하려는 힘이다.

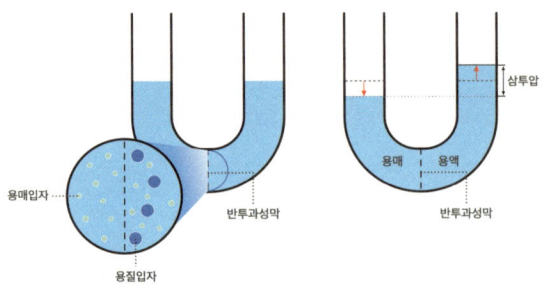

〈그림〉 삼투압의 원리

2. 삼투압과 우리 생활

1) 배추김치 소금 절임

배추김치를 만들 때, 부피를 줄이고 김칫소를 넣기 위해 일정한 시간 동안 소금물에 담가둔다. 배추 안보다 배추 바깥의 소금 농도가 높으므로 배추 안의 수분이 빠져나가 배추의 숨이 죽게 되는 것이다.

2) 바닷물을 마시면 안 되는 이유

바닷물을 마시면 왜 안 될까? 바닷물을 마시면 우리 몸속 세포의 소금 농도가 훨씬 높아지므로 삼투압에 의해 세포에서 수분이 빠져나오게 되어 갈증이 더 심해지게 된다. 갈증이 나서 다시 바닷물을 마시면 또 수분이 더 빠져나가고… 결국, 탈수현상으로 생명을 잃게 된다.

18.
엄마, 차 유리창에 이슬은 왜 맺혀요?

- 가을비가 오네...
- 아빠 보고 싶으세요?
- 그럴 리가... 그나저나 리원이 너 차 유리에다 계속 낙서할래?
- 크크크. 재미있잖아요.
- 안 되겠다. 이 이슬을 다 없애버려야지~.
- 수건으로 닦으시려고요?
- 닦아도 또 생긴단다. 설마 엄마가 그렇게 단순한 방법을 쓰겠니?
- 맞아요. 예전에도 닦으니 또 생겼었어요. 닦지 않으면 어떻게 없애요?
- 생기는 이유를 알면 없앨 수 있겠지?
- 그렇겠네요. 이 이슬은 왜 생겨요?
- 자동차 밖과 안의 온도 차이 때문에 그런 거야. 밖은 차갑고 안은 상대적으로 따뜻하지?
- 네.
- 그 경계가 되는 유리창은 밖의 냉기에 의해서 차가워지거든? 그 차가워진 유리창에 차 안의 따뜻한 공기가 부딪치면 온도가 내려가서 공기 중의 수증기가 물로 변하게 돼. 그게 바로 저 이슬이지.
- 아~ 그렇군요. 그러니까 닦아도 또 생기는 거군요.
- 그래. 그러면 어떻게 해야 없앨 수 있을까?
- 기본적으로는 차 안과 밖의 온도 차를 줄여야 하는 건데...
- 그렇지~~~! 그러면 어떻게 하면 될까?
- 그야... 창문을 다 열어버리면 되지요~~~. 하하하~~.
- ... 맞긴 맞다, 사실. 봐라~ 이렇게~~~ 창문을 여니 김이 서서히 없어지지?
- 오~. 그러네요.
- 이 방법의 단점은?

🧢 추워요. 그리고 비가 들어와요.

👱 그래. 맞아. 하하. 그리고 닫으면 또 생긴단다.

🧢 그러면 어떻게 해야 해요?

👱 자, 여기 이렇게 자동차 바람이 유리창 쪽으로 가도록 설정하고, 따뜻한 바람이 나오게 하고, 그리고 에어컨을 트는 거야. 봐라~.

〈그림〉 결로 방지를 위한 자동차 설정

🧢 오~~~ 싸악 없어지네요. 그런데 에어컨을 틀면 유리창이 더 차가워지는 거 아니에요? 왜 에어컨을 틀어요?

👱 그래, 좋은 질문이야. 히터를 틀면 유리창이 데워지는데, 히터만 틀면 시간도 오래 걸리고, 또 전체가 따뜻해지지는 않기 때문에 이슬이 남아 있어. 사실 이슬이 생기는 원인에는 온도도 있지만 습도의 문제도 있거든? 공기 중의 수분이 없으면 온도 차가 아무리 나더라도 이슬이 생길 이유가 없겠지?

🧢 아~ 그러네요. 그래서 비가 오는 날 김이 많이 서리나요?

👱 !!!!! 그렇지! 넌 역시 내 아들이다!

🧢 글쎄요... 어떨 때는 아빠 아들이고...

👱 암튼... 에어컨은 온도를 낮추는 것으로만 아는데, 사실 에어컨은 습기를 제거하는 제습 기능도 해.

🧢 아~ 그래서 에어컨을 틀어서 공기 중의 수분을 제거하면서 동시에 유리창을 따뜻하게 만들어 김을 안 서리게 한다는 거군요?

👱 아들~ 사랑해~~~

🧢 감동의 이슬이 제 눈에 맺히네요.

보다 자세한 설명

1. 결로(結露, dew condensation)

공기는 일정량의 수증기를 포함하고 있다. 같은 기압 하에서 공기 중에 존재할 수 있는 수증기의 최대치는 온도에 비례한다. 즉, 온도가 높아지면 보다 많은 수증기가 공기에 포함되어 있고, 온도가 낮아지게 되면 그 양은 적어지게 된다. 따라서 공기가 차가운 표면에 접촉하여 공기의 온도가 내려가게 되어 이슬점(露點)에 이르게 되면 공기 속에 포함되어 있던 수증기는 물방울이 되어 표면에 부착되게 된다. 이를 결로(이슬 맺힘)라고 한다. 추운 겨울철에 집이나 자동차의 창이나 벽에 습기가 차고 물방울이 맺히는 것이 그 대표적인 예이다. 즉, 실내 습도가 높고 실내와 실외의 온도 차이가 있을 때 발생한다.

2. 결로의 문제점과 방지

결로가 지속될 경우, 벽지나 장판 등이 습한 환경에 노출되어 곰팡이가 발생하기 좋은 환경이 된다.

곰팡이가 생성되면 번식을 위해 공기 중에 포자를 방출하게 되는데, 사람들은 호흡을 통해 이를 체내로 흡입하게 된다. 흡입된 곰팡이균은 호흡기로 들어가 혈관을 타고 온몸으로 퍼져나가게 되어, 천식 등 각종 호흡기 질환, 피부질환 등의 알레르기 등을 일으킨다. 크립토코커스균은 뇌 깊숙한 곳까지 파고들어서 뇌수막염을 일으키는 곰팡이로 알려져 있다.

〈그림〉 결로에 의한 곰팡이 발생

따라서 이를 방지하려면 실내 습도를 낮추고, 단열재를 이용하여 실내 온도를 이슬

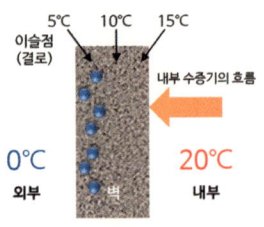

〈그림〉 결로현상

이 맺히는 이슬점보다 높게 유지하여야 한다. 아래 〈그림〉과 〈표〉를 살펴보자. 집안의 온도가 20도이고, 집안의 습도가 60%이면, 11.9도에서 결로 현상이 발생한다. 따라서 창문의 표면 온도가 11.9도 이상이 되도록 유지하면 결로가 발생하지 않는다.

〈표〉 이슬점 산출표

상대습도(%)	대기온도(℃)								
	-5	0	5	10	15	20	25	30	35	40
90	-6.5	-1.3	3.5	8.2	13.3	18.3	23.2	28.0	33.0	38.2
85	-7.2	-2.0	2.3	7.3	12.5	17.4	22.1	27.0	32.0	37.1
80	-7.7	-2.8	1.9	6.5	11.6	16.5	21.0	25.9	31.0	36.2
75	-8.4	-3.6	0.9	5.6	10.4	15.4	19.9	24.7	29.6	34.5
70	-9.2	-4.5	0.2	4.5	9.1	14.2	18.6	23.3	28.1	33.5
65	-10.0	-5.4	-1.0	3.3	8.0	13.0	17.4	22.0	26.8	32.0
60	-10.8	-6.5	-2.1	2.3	6.7	11.9	16.2	20.6	25.3	30.5
55	-11.6	-7.4	-3.2	1.0	5.6	10.4	14.8	19.1	23.9	38.9
50	-12.8	-8.4	-4.4	-0.3	4.1	8.6	13.3	17.5	22.2	27.1
45	-14.3	-9.6	-5.7	-1.5	2.6	7.0	11.7	16.0	20.2	25.2
40	-15.9	-10.8	-7.3	-3.1	0.9	5.4	9.5	14.0	18.2	23.0
35	-17.5	-12.1	-8.6	-4.7	-0.8	3.4	7.4	12.0	16.1	20.6
30	-19.0	-14.3	-10.2	-6.9	-2.9	1.3	5.2	9.2	13.7	18.0

자동차에서는 겨울철 등 밖이 실내보다 추울 경우 유리 안쪽에, 여름철의 경우 유리 밖에 결로가 발생하게 된다. 안쪽의 습기를 막기 위해서는 본문에서와 같이 공기의 방향을 유리창 쪽으로 가도록 하고, 히터와 에어컨을 작동시키면 된다. 히터를 통해 창 온도가 데워지고, 에어컨의 응축기(condenser)를 통해 제습을 해주기 때문이다. 물론 외부 공기를 유입시켜 내부와 외부의 공기 상태를 비슷하게 유지시키는 것만으로도 김 서림이 방지되기도 한다.

자동차의 경우 그 사용 시간이 주택에 비해 짧으므로 결로에 의해 차체에 곰팡이가 발생하기는 쉽지 않다. 그러나 여름철 장시간 에어컨 사용, 겨울철 추운 날씨 등의 내외부 온도 차에 의해 공기 필터 등은 습한 환경에 쉽게 노출되어 곰팡이가 발생할 가능성이 높다. 각종 필터들을 주기적으로 교체해 주어야 하는 이유가 여기에 있다.

19.
엄마, 음주측정기는 어떤 원리로 동작해요?

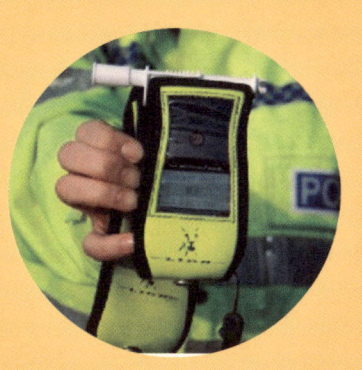

👮 실례합니다. 음주단속 중입니다. 숨을 크게 내쉬어 주세요.

🧑‍🦰 후~~~

👮 (삐~~~) 감사합니다. 안녕히 가십시오.

🧑‍🦰 네~. 수고 많으세요. 그나저나 저 차는 음주 단속에 걸렸나 보다. 술 마시고 운전을 하다니...

🧒 쯔쯔. 저러면 안 되지요? 근데 엄마, 경찰 아저씨들은 저 기계로 어떻게 술을 마셨는지 알아내요? 술 냄새를 맡는 건가요?

🧑‍🦰 음, 옛날에는 그런 방법도 썼었는데, 아까 봤지? 요즘은 저 기계가 자동으로 알려줘.

🧒 신기해요. 술을 얼마나 먹었는지 어떻게 알 수 있지요?

🧑‍🦰 술에 뭐가 들어가 있어서 사람을 취하게 하는지 아니?

🧒 알아요. 알코올이죠?

🧑‍🦰 맞아. 사람이 술을 먹으면 알코올 중 일부는 숨이나 땀, 소변으로 배출되지만, 대부분은 몸속에 들어가서 위나 장에서 흡수가 돼. 그다음은 어떻게 될까?

🧒 음식물은 위나 장에서 탄수화물, 단백질, 지방 등으로 소화되어 피로 흡수되는데, 알코올도 피로 흡수되나요?

🧑‍🦰 그렇지! 우리 리원이한테는 가르쳐줄 게 없네. 피로 흡수된 각종 영양소들과 알코올은 그 혈액을 타고 심장에 의해서 온몸으로 퍼지게 된단다.

🧒 온몸으로요?

🧑‍🦰 그렇지. 그렇게 온몸으로 퍼진 알코올은 폐로도 가지. 폐가 뭐 하는 기관이지?

🧒 숨을 쉬도록 해주죠?

🧑‍🦰 그렇지. 혈액 안에 있는 알코올은 폐가 숨을 쉬는 과정에서 이산화탄소와 같은 기체와 함께 배출돼. 아빠 술 냄새 맡아봤지?

🧒 크크크. 맞아요. 아빠 약주 드시고 오시면 꼭 저한테 뽀뽀하시는데 술 냄새 너무 싫어요.

🧑‍🦰 그러게나 말이다. 아빤 꼭 술 먹었을 때만 엄마한테...

🧒 엄마한테 뭐요?

- 아니야. 하여튼 술 냄새가 나는 원인이 바로 혈액 중에 포함된 알코올이 폐를 통해 몸 밖으로 나오는 거긴 하다만, 사람에 따라 차이가 있어. 입에서 술 냄새가 안 나도 몸속의 알코올이 측정될 수도 있지.

- 네~. 그렇군요. 엄마는 술 드셔도 냄새 안 나잖아요.

- 그거야 엄마가 아빠보다 술이 세서... 암튼, 음주측정기 안에는 백금 판이 있는데 호흡을 통해 나온 알코올이 그 백금 판에 닿으면 일종의 전지가 되어 전기가 흐르게 되어 있어.

- 오~. 신기해요. 그럼 숨 속에 있는 알코올이 많을수록 전기가 많이 발생하나요?

- 그렇지! 바로 그 전기의 세기를 측정해서 이 사람이 얼마나 많이 술을 먹었는지를 알 수 있는 거야.

- 그렇다면 한 가지 아이디어가 떠올랐어요. 자동차에도 그런 기계가 달려있으면 어떨까요? 불어서 측정이 되면 아예 시동이 안 걸린다든가 하면?

- 하하하. 역시 우리 리원이다. 정말 좋은 아이디어야. 앞으로 미래 자동차에는 다 그런 기능이 있겠지? 그리고 자율주행차가 되면 그런 걱정은 없겠구나. 자, 이제 우리 호텔에 다 왔다.

 보다 자세한 설명

1. 왜 호흡으로 음주를 측정할까?

음주운전의 가장 큰 문제는 운전조작능력을 갖춘 중추신경계가 알코올의 영향을 받는다는 점이다. 술을 마시면 대뇌피질이 영향을 받아 통제력을 상실하고 사고와 판단이 흐려져서 운전기능에 장해를 받게 된다. 따라서 음주에 의해 문제가 되는 것은 대뇌 속의 혈관에 흐르고 있는 알코올의 농도이다. 그러나 대뇌 속의 혈액을 측정하기는 쉽지 않으므로 팔과 같은 신체의 일부에서 혈액을 채취하여 대뇌 속 알코올 농도를 판단한다. 하지만 음주측정을 위해 수많은 운전자들의 혈액채취를 하기는 시간과 노력 상 매우 어려운 일이므로 통상적으로 호흡 중의 알코올 농도로 간접 측정하는 것이다.

2. 음주측정기의 원리

술에 들어있는 알코올은 주로 발효과정에서 만들어진 에탄올(C_2H_5OH)이다. 에탄올은 10% 정도는 즉시 배출되고 나머지 90% 정도는 위와 장에서 흡수된다. 흡수된 에탄올은 간에서 아세트산으로 바뀌고 혈액을 따라 흘러간다. 이는 세포에 에너지를 공급한 후 이산화탄소로 분해되어 최종적으로 호흡으로 배출되는데, 이때 혈액 속에 있던 알코올의 일부가 들숨의 공기와 섞여서 날숨과 함께 몸 밖으로 나오게 된다. 이 날숨에 포함된 알코올의 양은 혈액의 알코올 농도에 비례한다. 따라서 날숨에 포함된 알코올 양을 측정하여 간접적으로 혈중알코올농도를 측정하는 것이다.

1) 화학적 방법

예전에 사용한 풍선식 측정기(드렁코미터)는 고무튜브에 기체(중크롬산칼륨)를 넣어놓고 불도록 하여 음주 정도를 측정하였다. 즉, 주황색의 중크롬산칼륨이 알코올과 만나면 녹색의 황산크롬으로 변하는데, 이 변하는 정도를 분석하여 혈중알코올농도를 측정하였던 것이다. 이 방법은 일회 사용 후 기체(중크롬산칼륨)를 교체하여야 하므로 요즘은 거의 사용하지 않는다.

2) 전기화학적 방법

금속촉매를 사용해서 알코올만을 선택적으로 산화시킬 때 흐르는 전류의 양을 측정하는 것으로 본문에서 설명한 방법이다. 백금에 날숨의 알코올이 만나면 아세트산으로 산화가 되어 일종의 전지가 되어 전류를 발생시킨다. 전류의 양은 알코올의 양과 비례관계를 가지게 되므로 이 전류의 양을 측정하여 알코올 농도를 계산한다.

그 외에도 알코올에 의해 흡수되는 적외선의 양을 측정하거나, 고온으로 가열된 반도체 금속 산화물 알갱이의 표면에 알코올이 흡착할 때 흐르는 전류의 변화를 이용하거나, 휘발성이 있는 기체의 분리 추출에 사용되는 기체 크로마토그래피(Gas Chromatography) 방법이 이용되기도 한다.

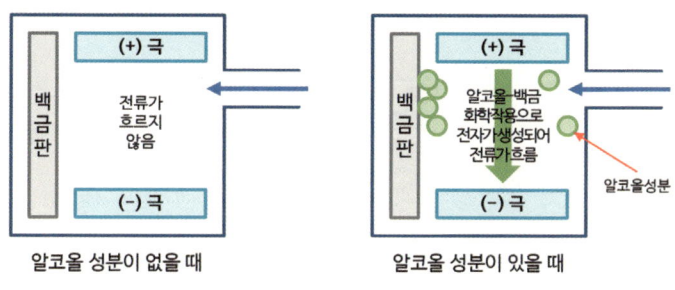

〈그림〉 백금 판에 의한 음주측정의 원리

3. 음주단속에 안 걸리는 방법?

음주 후 단속을 피하겠다고 이런저런 조치를 취하면 어떨까? 술 냄새를 없애겠다고 구강청정제를 사용하거나, 피로를 풀겠다고 자양강장제나 소화제를 마시거나, 음식으로 알코올 성분을 억제하겠다고 슈크림 빵을 먹으면 어떻게 될까?

이들은 전부 알코올 성분을 포함하고 있다. 그래서 이들을 사용하거나 섭취한 후 음주 측정을 하면 더욱 심한 결과가 나오게 된다. 물론 음주를 하지 않았는데도 불구하고 이들을 사용한 경우 음주가 감지될 수 있으니 유의하여야 한다.

20.
엄마, 엘리베이터는 어떻게 동작해요?

- 우리 방이 1004호면 10층이겠지?
- 와~ 우리 호텔 엘리베이터는 투명하네요. 엘리베이터에서 밖이 보여요~
- 그러네. 바깥 전망도 구경할 수 있구나.
- 어! 엄마, 방금 지나간 것 보셨어요? 뭔가 무거운 돌 같은 것이 아래로 내려갔는데요?
- 응. 봤어.
- 왜 이 엘리베이터는 저런 게 있어요?
- 하하. 아냐. 이 엘리베이터만 있는 게 아니고 우리 아파트 엘리베이터에도 다 있어. 보이지 않을 뿐이지.
- 그래요? 엘리베이터는 옥상에 있는 모터가 끌어올리거나 내리는 것 아니에요?
- 맞아. 벌써 다 알고 있네?
- 그런데 왜 저렇게 무거운 것을 달아 놨어요? 더 힘들게?
- 좋은 질문이야~. 그런데 우리가 올라올 때 아까 그 무거운 돌은 어디로 움직였어?
- 아래로요. 내려갔어요.
- 맞아. 바로 그거야. 그 돌 덕분에 엘리베이터를 움직일 때 전기를 더 적게 쓰게 돼.
- 응? 왜요?
- 리원아, 도르래 알아?
- 네. 학교에서 배웠어요. 아~~ 그러면 바로 그 도르래 원리인가요?

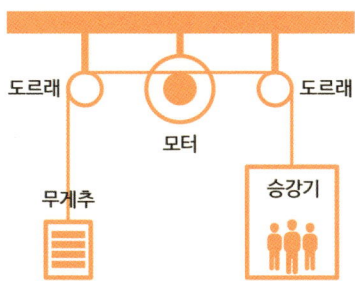

〈그림〉 도르래 원리와 엘리베이터

- 그러니까 엘리베이터하고 그 돌을 도르래로 연결했다는 거네요?
- 그렇지. 만약 1,000kgf의 무게를 가진 엘리베이터를 단독으로 올리려면 1,000kgf의 힘이 필요하겠지만, 만약 도르래로 900kgf의 무게추와 연결해 놓았다면 100kgf의 힘만 있으면 엘리베이터를 올릴 수 있는 거지.
- 네. 그렇겠네요. 참 똑똑한 사람들이 많아요~.

보다 자세한 설명

1. 엘리베이터의 기본 원리와 구조

현재 엘리베이터는 오른쪽 〈그림〉처럼 로프를 도르래에 걸고 양 끝에 승강기차(카)와 무게추를 움직이는 권상식(traction) 구동방식이 가장 많이 사용되고 있다. 기차가 레일이 놓인 철길로 달리듯이 엘리베이터와 무게추(균형추)도 가이드레일을 따라서 상하로 움직이도록 구성되어 있다.

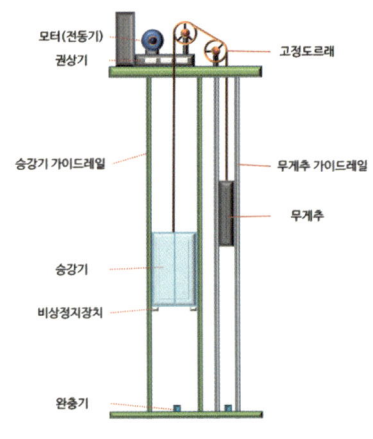

〈그림〉 엘리베이터의 구조

2. 엘리베이터는 안전할까?

엘리베이터는 추락의 위험을 느낄 수밖에 없지만, 사실 매우 다양한 안전장치가 설치되어 있다. 첫째, 줄이 끊어지면 어떻게 될까? 실제로 메인 로프는 6가닥의 두꺼운 철근으로 구성되며 이 중 3가닥이 끊어지더라도 승강기를 지탱하므로 추락의 위험은 적다. 둘째, 그럼에도 불구하고 모든 로프가 끊어지면? 이렇게 비정상적으로 떨어질 경우는 승강기 하부에 위치한 비상정지장치가 가이드레일을 물어서 브레이크를 작동시키게 된다. 그 외에도 정전이 될 경우 로프를 움직이는 권상기라는 장치가 자동으로 브레이크를 작동시키는 등 다양한 안전장치가 마련되어 있어 추락에 의한 사고는 극히 드물다.

초창기 엘리베이터에는 이런 안전장치가 없었는데 미국의 엘리샤 오티스라는 엔지니어가 1854년 뉴욕 박람회에서 안전장치가 도입된 엘리베이터를 최초로 선보였다. 그는 실제 본인이 타고 있는 엘리베이터 줄을 끊었음에도 추락하지 않는 시연을 보여주었던 것이다. 그가 세운 오티스(Otis)사는 지금껏 세계적인 엘리베이터 업체로 자리매김하고 있다.

〈그림〉 엘리베이터를 시연하는 엘리샤 오티스[15]

3. 엘리베이터의 미래?

앞으로 미래의 엘리베이터는 어떻게 될까?

고정관념을 벗어나면 재미있는 아이디어가 나올 수도 있다. 엘리베이터는 항상 줄이 달려 있는데, 역발상으로 줄이 없는 엘리베이터는 어떨까? 실제로 전자석의 원

---

15 위키백과

리를 이용해서 줄을 없앤 엘리베이터도 사용되고 있다. 아직은 화물용에만 적용하고 있지만...

사무실 등에서 자판기를 이용하기 위해 엘리베이터를 이용한 적이 있을 것이다. 역발상으로 자판기가 엘리베이터를 타고 이동하는 것은 어떨까?

엘리베이터를 타고 어디까지 올라갈 수 있을까? 미항공우주국(NASA)과 관련 기업들은 우주에 떠 있는 인공위성과 땅을 연결하는 엘리베이터를 구상하고 있다. 물론 이때 인공위성은 지구 자전 속도와 같이 움직여서 지구에서 보면 정지해 있는 상태여야 할 것이다. 그런데 정지궤도에 위치하려면 고도 3만5천km 정도에 위치해야 한다. 대만 타이베이 금융센터 건물의 엘리베이터가 현재 가장 빠른 엘리베이터로 시속 60km/h의 속도인데, 그 속도로 가더라도 580시간, 즉, 24일이 넘어 도착하게 된다. 아마도 여기에는 자기부상열차의 원리를 이용한 시속 수천km의 엘리베이터가 필수적일 것이다.

또 어떤 엘리베이터가 가능할까? 더 재미있는 엘리베이터를 아이들과 상상해보시길.

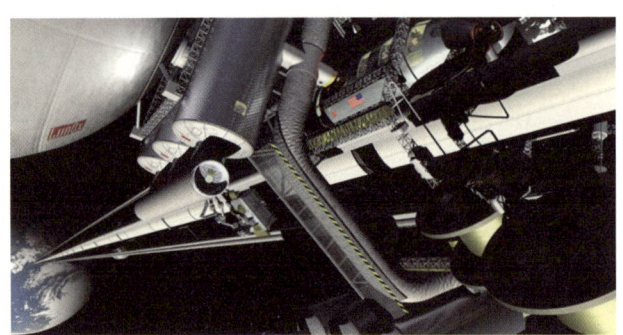

〈그림〉 우주 엘레베이터 상상도

21.
엄마, 무지개는 왜 떠요?
하늘은 왜 파래요? 노을은 왜 붉어요?

- 밤새 비가 와서 걱정했더니 비가 다 그쳤네~.
- 엄마! 저기 보세요! 무지개예요!
- 와~. 그러네~. 정말 예쁘다~.
- 엄마, 무지개는 왜 비 온 다음에 떠요?
- 음... 비 온 다음에 뜰 때가 많기는 하지만 그렇다고 꼭 비 온 다음에만 뜨는 것은 아니야.
- 그래요?
- 응. 그나저나 무지개는 무슨 색이지?
- 절 무시하시는 거예요? 빨−주−노−초−파−남−보. 이렇게 7가지 색이지요.
- 이 7가지 색은 어디서 나온 걸까?
- 글쎄요? 그러니까 엄마한테 물어보잖아요.
- 원래 하늘은 무슨 색이지?
- 파란색이요.
- 맞아. 그런데 해가 뜨거나 질 때, 하늘은 무슨 색이지?
- 노을은... 붉은색이죠.
- 밤에는?
- 밤에는... 검은색이지요.
- 그럼 우주는?
- 응? 우주는... 그러고 보니 검은색인데요...?
- 우주는 검은색인데 왜 지구에서 본 하늘은 파랄까?
- 그러게요... 왜 그럴까요?
- 먼저 그걸 알면 자연스럽게 모든 게 설명이 돼. 햇빛은 우리가 볼 때는 투명하지만 무지개색의 빛으로 구성되어 있어. 우리가 하늘이 파랗다고 느끼는 것은 햇빛이 지구의 공기와 부딪치면서 여러 색깔로 분산되는데 그중 파장이 짧은 파란색이나 보라색 빛이 유독 많이 반사되어 우리 눈에 들어오기 때문이야.

🧒 파장이요?

👩 음. 어려운 말이 나왔구나. 바다에서 파도치는 것 봤지?

🧒 네.

👩 그때 파도가 한번 치고, 그 다음에 또 치는데 그때 파도와 파도의 간격을 파장이라고 해. 빛이나 전파도 파도처럼 출렁이면서 움직이기 때문에 파도처럼 그 간격을 파장이라고 하는 거야.

🧒 네.

👩 파장이 짧으면 파란색이나 보라색이 되고 길면 빨간색이 되거든. 근데 파장이 짧으면 더 촘촘하게 움직이기 때문에 지구의 공기와 부딪치는 것이 많아져. 그렇게 부딪치면 반사되어 우리 눈에 들어오기 때문에 낮에는 하늘이 파란색으로 보이는 거지.

🧒 음... 그러면 왜 저녁 때 노을은 붉은색이에요?

👩 해가 뜨거나 질 때는 해가 땅하고 수평에 가깝게 되지? 햇빛이 대기층을 지나는 거리가 길어지면서 파장이 짧은 파란색은 다 산란되어 버리고, 파장이 긴 붉은색 빛만 남아 우리 눈에 들어오기 때문에 하늘이 붉게 보이는 거야.

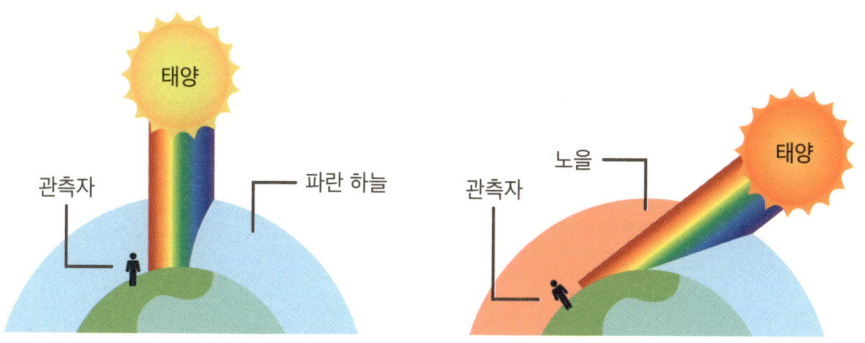

〈그림〉 하늘이 파랗고 노을이 붉게 보이는 이유

🧒 음... 신기하네요. 이게 무지개하고 관련이 있어요?

👩 그럼. 방금 햇빛이 원래 무지개색으로 구성되어 있다는 것 알았지?

🧒 네. 그리고 그게 어떻게 반사되느냐에 따라 파란색도 되었다가, 빨간색도 되었다가 하는 것도 알았어요.

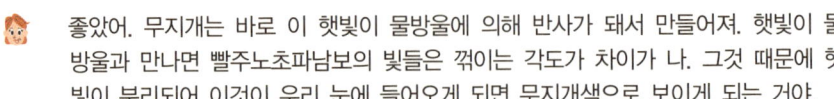 좋았어. 무지개는 바로 이 햇빛이 물방울에 의해 반사가 돼서 만들어져. 햇빛이 물방울과 만나면 빨주노초파남보의 빛들은 꺾이는 각도가 차이가 나. 그것 때문에 햇빛이 분리되어 이것이 우리 눈에 들어오게 되면 무지개색으로 보이게 되는 거야.

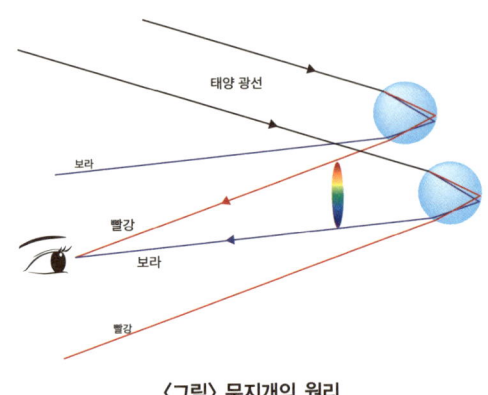

〈그림〉 무지개의 원리

 물 위에 기름이 있는 경우도 무지개색이 보일 때가 있었어요.

그렇지! 그건 물 위에 있는 기름 막에 의해 빛이 분해되는 거야. 자, 이제 나갈 채비 하자꾸나.

보다 자세한 설명

1. 가시광선(可視光線, visible rays)

햇빛 중 우리가 볼 수 있는 광선은 무지개색의 광선이다. 우리가 볼 수 있다고 해서 '가시(可視)광선'이라 한다. 그중 붉은색은 파장이 길고, 보라색 쪽으로 갈수록 파장이 짧다. 보라색보다 파장이 짧은 광선은 자외선이고, 붉은색보다 파장이 긴 광선은 적외선이다. 이들은 모두 우리 눈이 감지할 수 있는 범위를 벗어나서 볼 수 없다.

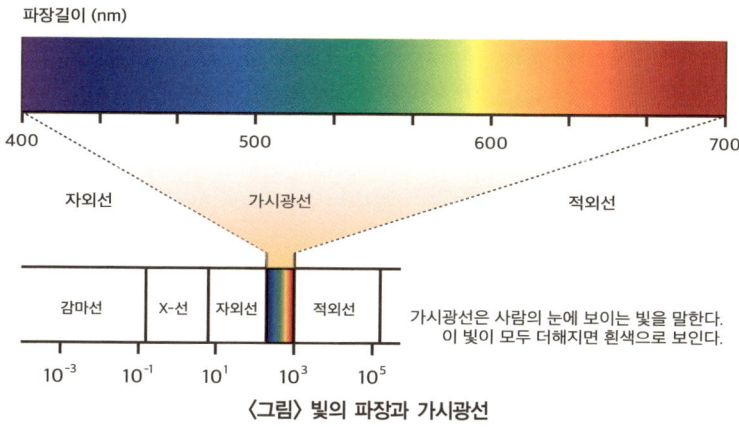

〈그림〉 빛의 파장과 가시광선

2. 하늘이 파란 이유와 노을이 붉은 이유

햇빛이 지구로 들어와 대기권에 퍼질 때 파장이 짧은 청색 광선은 공기입자와 충돌해 사방으로 퍼져 멀리까지 가지 못한다. 반면 빨강 광선은 공기입자와 충돌하는 비율이 낮아 공기 속을 통과해 멀리까지 갈 수 있다.

낮에는 태양으로부터 나온 빛이 지구에 도달하기 위해 통과해야 하는 지구 대기층의 두께가 저녁에 비해 비교적 짧아 하늘이 푸르게 보인다. 그러나 저녁 무렵이 되면 태양의 고도가 낮아지는데 태양의 고도가 낮아지면 태양의 기울기가 작아져 통과해야 하는 대기층이 길어진다. 따라서 파장이 짧고 산란하는 각도가 작은 파란빛은 대기층을 통과하지 못하고, 파장이 길고 산란하는 각도가 큰 빨간빛만이 대기층을 통과하기 때문에 노을이 붉게 보인다.

비 온 뒤에 저녁노을이 더 붉은 것은 비로 인해서 공기 중에 있는 무수한 입자들이 많이 없어졌기 때문이다. 또 공기가 없는 달에서는 이러한 산란현상이 일어나지 않아 하늘이 항상 검은 것이다.

3. 무지개의 관찰

주로 비가 온 후 밝은 햇살이 비추는 곳에서 무지개가 형성된다. 하지만 비가 갠 후라고 항상 무지개를 볼 수 있는 것은 아니다. 무지개를 보려면 공기 중에 물방울이 많은 상태일 때 태양을 등지고 있어야 한다. 그래야만 태양빛이 물방울로 들어가서 반사되어 나오는 것을 눈이 관찰할 수 있다. 즉, 물방울이 빛을 분해하는 프리즘 역할을 하여 태양빛이 물방울로 입사할 때 굴절된 빛이 물방울 뒷면에서 반사되어 나오다가 한 번 더 굴절되는 것들이 결합되면 우리의 눈에는 일곱 가지 색으로 분해된 무지개가 보이게 되는 것이다.

22.
엄마, 선크림은 왜 발라요?

- 🧢 엄마~. 나가시자면서 왜 가부키 화장을...
- 👩 ... 오늘 밖에서 오래 있을 것 같아 선크림 발랐지. 일루와. 리원이도 좀 바르자.
- 🧢 으아~. 싫어요. 여름에 해수욕장 온 것도 아닌데 뭣 하러 발라요?
- 👩 햇빛이 여름 다르고 가을 다르냐? 빨리 와라.
- 🧢 으... 그럼 이 선크림은 햇빛을 막는 거예요?
- 👩 그렇지. 그런데 정확히 말하면 태양광선 중에서도 자외선을 막는 거야.
- 🧢 자외선이요?
- 👩 응. 햇빛 중 우리가 볼 수 있는 가시광선 안에는 빨주노초파남보가 있다고 그랬지? 그런데 우리 눈에 보이지 않는 광선들도 많아. 그중 보라색 밖에 있는 것을 자외선이라고 해.
- 🧢 그런데 왜 자외선만 막는 거예요?
- 👩 다른 광선들은 자외선보다 투과력이 낮아서(파장이 짧아서) 우리 몸에 큰 영향을 미치지 않아. 그런데 자외선은 달라. 우리 몸 안으로 침투하지.
- 🧢 침투해서 어떻게 하는데요?
- 👩 리원이 여름에 밖에서 오래 놀다가 탄 적 많지?
- 🧢 네. 그건 여름이라서 그런 거 아니에요?
- 👩 아니, 똑같아. 여름이라고 더 심한 건 아니고, 다만 여름에는 물놀이 같은 야외활동이 많다 보니 그렇게 느낄 뿐이야. 그렇게 탄다는 것은 일종의 화상이야. 바로 자외선 때문이고. 더 많이 노출되면 피부 노화가 빨라지고, 피부암도 생기는 등 건강상의 위험이 발생해.
- 🧢 오~. 자외선이 그렇게 나쁜 것이었군요.
- 👩 그런데, 꼭 그렇지만은 않아. 사실 자외선이 우리 몸에 꼭 필요한 일도 해.
- 🧢 그래요?
- 👩 응. 사람의 뼈는 칼슘으로 이루어지는데, 그 칼슘을 우리 몸이 잘 흡수하도록 도와주는 게 비타민D야. 그런데 이 비타민D는 우리가 섭취하는 음식으로는 잘 생기지 않고 대부분 우리 피부가 자외선을 받아서 만들어. 따라서 우리가 이 햇빛을 안 받으면 어떻게 될까?

- 그러면 비타민D가 안 생기고, 비타민D가 안 생기면 칼슘 흡수가 잘 안 되고, 그러면 뼈가 약해지나요?

- 그렇지~. 똘똘하다.

- 그러면 자외선을 쐬어야 하는 거예요, 안 쐬어야 하는 거예요?

- 하루에 20분 정도 햇빛을 쐬어야 우리 몸에 필요한 비타민D가 충분히 생성된대. 그러니 뭐든지 적당히...

- 그럼 이 선크림 바르면 쐬어도 되나요?

- 사실 이게 자외선차단제라, 이걸 바르고 쐬면 별로 효과가 없긴 해.

- 그렇겠네요. 그런데 이건 어떻게 자외선을 막아요?

- 두 가지 방법이 있어. 자외선을 반사(산란)시켜 차단하는 방법(물리적 방법)과 자외선을 흡수해서 차단하는 방법(화학적 방법). 반사시키는 방법은 지금 엄마가 바른 거처럼 자외선을 잘 차단하는데 이렇게 하얗게 되지. 흡수하는 방법은 이렇게 하얘지지 않는 것은 좋은데 아무래도 자외선을 흡수하는 화학물질이 있다 보니 피부에 알레르기나 자극이 있는 경우가 있어.

- 네. 잘 알았어요. 이제 제 뼈의 성장을 위해서 하루에 20분은 꼭 밖에서 놀아야겠네요. 20분이라도 더 공부하고 싶은데... 흑흑...

- ...

보다 자세한 설명

1. 자외선(紫外線, ultraviolet(UV))이란?

태양광선은 적외선, 가시광선, 자외선으로 구성되며 가시광선보다 짧은 파장을 가진 광선을 자외선이라 한다. 영어로는 Ultra-Violet, 줄여서 UV라고 한다. 자외선은 파장 길이에 따라 자외선A(UV-A), 자외선B(UV-B), 자외선C(UV-C)로 나누어지는데 자외선C가 파장이 가장 짧다.

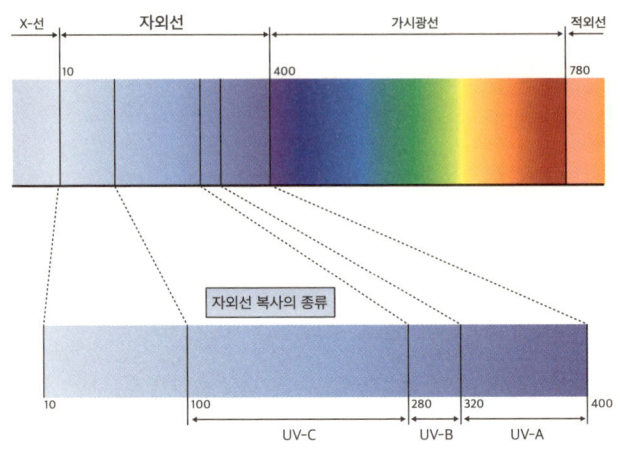

〈그림〉 태양광선과 자외선의 종류

1) 자외선A(UV-A)

지구 오존층에 흡수되지 않고 날씨와 관계없이 연중 일정하게 지표에 도달한다. 유리창도 통과한다. 이는 자외선B에 비해 에너지가 적지만 피부 진피 하부까지 침투하여 피부를 그을리며 피부 노화를 일으킨다.

2) 자외선B(UV-B)

대부분 오존층에 흡수되지만 일부가 지표면에 도달한다. 유리창은 통과하지 못한다. 짧은 파장의 고에너지 광선으로, 동물체의 피부를 태우고 피부 조직을 뚫고 들어가며 때로는 피부암을 일으키는데, 피부암 발생의 원인은 대부분 이 자외선B와 관련이 있다. 그러나 반면 유익한 일도 하는데 바로 피부에서 프로비타민D를 활성화시켜 인체에 필수적인 비타민D로 전환하는 역할을 하는 것이 자외선B이다.

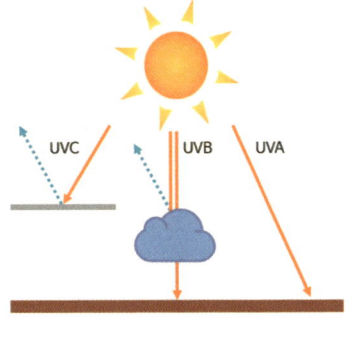

〈그림〉 자외선의 지표 도달

3) 자외선C(UV-C)

짧은 파장에 따른 투과성 때문에 염색체 변이를 일으키고, 단세포 유기물을 죽이며, 눈의 각막을 해치는 등 생명체에 해로운 영향을 미친다. 다행히 오존층에 완전히 흡수되어 지표에 도달하지 못한다. 만약 그렇지 않다면 인류는 물론 지구상의 생명체는 극심한 타격을 입을 것이다. 지구 오존층을 보호해야 하는 이유가 여기에 존재한다.

2. 자외선 차단기능 표시

1) 자외선B 차단지수(SPF)

자외선차단지수(Sun Protection Factor, SPF)는 자외선 차단제가 자외선B를 차단하는 정도를 나타낸다. SPF는 자외선 차단제를 바른 피부와 바르지 않은 피부에 자외선B를 일정 시간 비춘 후 나타나는 피부의 최소홍반량의 비율로 측정하며, 수치가 높을수록 자외선B 차단효과가 높다. 우리나라에서는 SPF지수는 50까지 표시할 수 있으며, SPF 50 이상의 제품은 50+로 표시한다.

2) 자외선A 차단등급(PA)

자외선A 차단등급(Protection grade of UVA, PA)은 자외선 차단제가 자외선A를 차단하는 정도를 나타내며, 자외선A 차단지수(Protection Factor of UVA, PFA)에 따라 정해진다. PFA는 자외선 차단제를 바른 피부와 바르지 않은 피부에 자외선A를 일정 시간 비춘 후 나타나는 최소지속형즉시흑화량의 비로 측정되며, 수치가 높을수록 자외선A 차단효과가 높다. 우리나라에서는 PFA지수가 2 이상 4 미만의 경우, 4 이상 8 미만의 경우, 8 이상의 경우 각각 PA+등급, PA++등급, PA+++등급의 3단계로 표시하며 +기호가 많을수록 자외선A 차단효과가 높은 제품이다.

3) 내수성 및 지속내수성

여름철 해변이나 수영장 등 물놀이 시에는 자외선차단제가 물에 씻겨 나가 제대로 효과를 거둘 수 없다. 따라서 땀이나 물에 쉽게 씻겨 나가지 않는 제품이 필요하다. 침수 후의 자외선 차단지수가 침수 전 차단지수의 50% 이상을 1시간 유지하는 경우 '내수성', 2시간 유지하는 경우 '지속내수성'으로 표시한다. 장시간 물놀이를 할 경우 지속내수성 제품을 사용하고 2시간마다 바르는 것이 권장된다.

〈표〉 활동에 따른 자외선 차단제 선택[16]

활동종류	자외선차단제
집안이나 사무실 등 실내 활동 시	SPF10 전후, PA+이상
외출 등 실외에서 간단한 활동 시	SPF10~30, PA++
스포츠 등 일반 야외 활동 시	SPF30, PA++이상
등산, 해수욕 등 장시간 자외선에 노출되는 경우	SPF50+, PA+++
야외 물놀이 시	내수성 또는 지속 내수성 표시 제품

---

16 "자외선차단제 바로알고 올바르게 사용하세요", 식품의약품안전평가원

23.
엄마, 리모컨은 어떻게 동작해요?

- 리원아. 이제 나가자. TV 끄고.
- 네. 가만 있어 보자... 리모컨을 어디에 뒀더라...
- 리모컨 없으면 못 끄냐..ㅡ;
- 그나저나 리모컨은 어떻게 동작해요? 생각해보니 참 신기한 것 같네요.
- 그래. 엄마가 어렸을 때는 리모컨이 없어서 할아버지가 몇 번 틀어라~ 그러면 틀고, 나중에는 효자손 같은 막대기로 채널을 누르곤 했었는데... 너희는 그런 건 전혀 모르겠구나.
- 그랬어요? 하하.
- 리모컨은 리모트(remote), 즉, 원격이라는 말과 컨트롤러(controller), 즉, 조정기라는 말이 합쳐진 거란다. 이 리모컨은 가시광선의 붉은색보다 파장이 낮은 광선, 즉, 적외선을 사용해.
- 음.. 그러면 적외선도 자외선처럼 안 보이겠네요?
- 그렇지. 이 적외선은 멀리 가지는 못하지만 다른 전파보다 간단하고, 파장이 길어서 우리 몸을 투과하지 못하니 인체에 무해하고, 또 반사가 잘 되어 동작이 잘 되는 장점이 있어.
- 네~. 그래서 반대쪽 벽을 보고 리모컨을 눌러도 동작을 하는군요.
- 맞아. 우리가 리모컨의 버튼을 누르면 리모컨 안에 있는 반도체(발광 다이오드)가 적외선을 만들어. 그 적외선을 TV나 각종 기기에 있는 센서(수광 다이오드)가 받아들이면 그 신호에 맞는 동작을 하게끔 되어 있지. 그게 리모컨이 동작하는 원리야.
- 좀 어려운데요?
- 예를 들어, 리모컨으로 7번을 누르면 그 번호에 해당하는 적외선이 발사되고, TV에서는 그 적외선을 받아들인 뒤 해석하여 7번 채널을 나타나게 하는 거야.
- 그렇군요~.
- 그리고 리원아, 화장실에서 소변 보고 나면 자동으로 물이 나오는 소변기 본 적 있지?
- 아, 맞아요. 고속도로 휴게소 화장실이 그랬어요.
- 거기에 센서가 있는데, 그 센서도 사람이 다가왔다가 멀어지는 것을 적외선을 쏘아서 감지하는 거야.

🧑 네. 리모컨 찾았다! 그런데 이 리모컨에도 전화처럼 벨이 달려 있으면 좋겠어요!

👩 왜?

🧑 지금처럼 리모컨을 어디에 뒀는지 못 찾는 경우가 너무 많거든요~. 그래서 TV에서 어떤 버튼을 누르면 리모컨이 "나 여기 있어요~" 하고 응답하면 좋겠어요!

👩 와~ 정말 기가 막힌 생각이다! 역시 우리 똘똘이!

〈그림〉 남자용 소변기와 센서

보다 자세한 설명

1. 적외선(赤外線, infrared rays(IR))의 활용

적외선은 일상생활에서 다양하게 사용되고 있다. 대표적인 것이 리모컨과 남자 화장실의 소변기 센서이다.

리모컨을 적외선카메라로 촬영하면 리모컨의 발광부에서 적외선이 아래 〈그림〉처럼 생성되는 것을 확인할 수 있다. 즉, 리모컨은 우리 눈에 보이지 않는 적외선 전등이라고 할 수 있다.

리모컨의 버튼을 누르면 버튼마다 서로 다르게 미리 입력된 파형을 가진 적외선이 생성된다. 이렇게 서로 다른 신호를 보내기 때문에 TV 채널을 자유롭게 조정할 수 있고, TV 외의 에어컨이나 다른 장치가 오작동하지 않

〈그림〉 리모컨의 발광부 적외선 사진[17]

---

17 http://www.phys.pe.kr

는 것이다.
남자화장실의 소변기의 경우는 사람의 몸이 접근하였다가 멀어지는 것을 반사되어 오는 적외선으로 인식하여 소변기에 물이 나오도록 동작시킨다. 이 센서를 적외선 카메라로 촬영하면 우측 〈그림〉과 같이 양옆의 발광부가 적외선을 발사하고 가운데 수광부가 반사되어 오는 적외선을 감지한다.

〈그림〉 소변기 센서의 적외선 사진[18]

2. 리모컨은 왜 적외선을 사용할까?

TV의 채널은 "돌리는" 것이었던 시절이 있었다. 1980년대. 그때 어른들의 리모컨은 아이들이었다. "7번 틀어라." 버튼방식이 나오면서 사람들은 '효자손'이나 파리채를 리모컨으로 이용하게 되었다.

최초의 리모컨은 1955년 미국의 제니스 전자에서 TV용으로 개발한 것이었다. 이때는 TV의 네 모서리에 장치된 감지기에 가시광선을 쏘아 TV를 켜고 끄고, 채널과 볼륨을 조정하였다. 그런데 무슨 문제가 있었을까? 가시광선을 사용하다 보니 햇빛이나 실내 전구의 불빛에도 반응을 하였던 것이다.

제니스사는 이를 개선한 초음파를 이용한 리모컨을 1956년 개발하였다. 일반적으로 사람들이 잘 듣지 못하는 초음파의 주파수로 TV를 조절하는 것이어서 빛에 의한 문제는 사라지게 되었다. 그런데 또 무슨 문제가 있었을까? 초음파임에도 불구하고 어린아이들이나 젊은 여성들은 그것이 들려서 소음으로 인식하는 경우가 있었다. 특히 인간과 가청주파수가 다른 애완견들에게는 큰 고통이었다.

이를 해결한 것이 적외선이다. 적외선을 이용한 신호는 제품마다 고유한 주파수를 사용하기 때문에 실내에서 우연히 만들어지는 적외선의 간섭을 받지도 않고, 초음

---

18 http://www.phys.pe.kr

파를 사용할 때의 소음도 만들어내지도 않았다. 또 벽이나 가구에 반사되기 때문에 가전제품 쪽으로 정확하게 조준하지 않아도 되고, 벽을 통과하지 못하기 때문에 이웃에 방해가 되지 않는다.

그러나 적외선은 장애물로 둘러싸여 있으면 통과하지 못하기 때문에 주머니 속에 넣어 놓은 휴대폰과 적외선으로 통신하여 통화를 하거나 음악을 들을 수는 없었다. 이를 해결하기 위한 것이 적외선보다 투과성이 높은 주파수 대역을 활용한 '블루투스' 통신방식이다. 근래 우리가 사용하는 무선이어폰, 무선키보드 등은 이 블루투스 규격을 활용하고 있다.

24.
엄마, 높은 데 올라가면 왜 귀가 먹먹해져요?

🧑 산에 올라가니깐 공기도 맑고 좋지?

👦 네. 그런데 좀 쉬었다 가요. 힘들어요.

🧑 그래. 물도 좀 먹자. 컵을 어디에 뒀더라...

👦 근데, 엄마, 귀가 좀 이상해요. 엄마 목소리가 잘 안 들리고 먹먹해요.

🧑 컵 찾았다. 그렇지? 엄마도 좀 그렇다.

👦 지난번 비행기 탔을 때도 그랬어요. 왜 높은 산에 오거나 비행기를 타면 귀가 먹먹해져요?

🧑 우리가 높은 곳에 있기 때문이지.

👦 높은 곳에 있으면 귀가 먹먹해져요?

🧑 처음에는 좀 그렇게 돼. 높은 곳에서는 공기가 많을까 적을까?

👦 음... 히말라야 등반하시는 분들이 숨쉬기 힘들어하시는 거 얘기 들었어요.

🧑 그래. 공기도 지구가 끌어당겨서 이렇게 있는 건데, 높은 곳에서는 그 인력이 약해지니까 공기가 희박해지는 거란다.

👦 그런데 공기와 귀가 무슨 상관이 있는 거예요?

🧑 우리가 평소에는 공기가 별것 아닌 것으로 생각되지? 그런데 공기도 무게가 있고, 그래서 압력을 행사하는데 대기의 압력이라고 해서 '대기압'이라고 해.

👦 공기가 힘이 세 봐야 얼마나 세겠어요?

🧑 아니야. 봐봐. 이 컵에 물을 붓고 위에 종이를 올릴게. 그리고 뒤집으면~~. 짜잔. 어때 종이가 안 떨어지지?

〈그림〉 대기압 실험: 물컵과 대기압

🧒 우와~. 어떻게 물이 안 쏟아지죠?

👩 물이 쏟아지는 것을 공기가 종이 밑에서 받치고 있는 거야. 즉, 공기의 힘이 물의 무게를 버티고 있는 거지.

🧒 오~~~. 생각보다 공기의 힘이 세내요?

👩 그럼. 지구 표면에서 공기의 힘은 물을 10m까지 올릴 수 있는데. 나중에 학교서 배우려무나.

🧒 네.

👩 높은 곳에 올라가면 공기가 희박해지니 바로 이런 대기압이 우리가 평소 생활하던 곳보다 낮아지게 돼. 그런데 평소에 이런 공기의 힘을 받고 있는데 왜 우리는 몰랐을까?

🧒 그러게요? 공기의 힘이 누르면 엄마는 더 날씬해야 하는데 말이에요?

👩 ...─→ 암튼 평소에 우리가 공기의 힘을 느끼지 못한다는 것이 우리 몸이 지표면의 대기압과 같은 압력을 내고 있다는 방증이란다.

🧒 그렇다면 우리 몸 안에서도 대기압과 같은 힘이 있다는 거예요?

👩 그렇지. 그렇게 우리 몸은 우리가 평소에 생활하는 대기압에 적응이 되어 있어. 리원이가 궁금해하는 귀를 보자. 우리 귀 안에는 고막이라는 얇은 막이 있는데, 우리가 소리를 들을 수 있는 것은 바로 이 고막의 진동을 뇌가 인식하기 때문이란다.

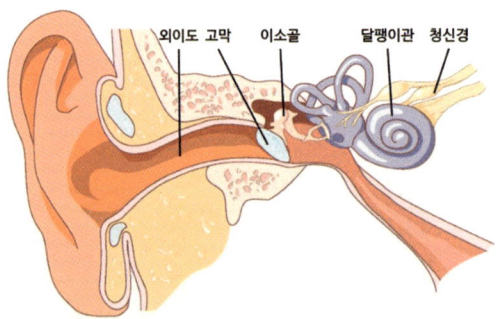

〈그림〉 귀의 구조

🧒 네~.

👩 그래서 고막 밖의 압력과 우리 몸의 압력이 평소에 서로 균형을 이루고 있지. 그런

데 우리가 높은 곳에 올라가면 몸 밖의 압력은 낮아지고 우리 몸의 압력은 그대로 니 고막은 어떻게 될까?

- 고막이 몸 바깥쪽으로 약간 밀리나요?

- 그렇지!!! 고막 안쪽의 압력이 높으니까 바깥쪽으로 약간 밀리게 되고 평소보다 눌리게 돼. 그래서 고막이 평소보다 잘 진동을 안 하게 되지. 그래서 귀가 먹먹해지고 소리가 잘 안 들리는 거야.

〈그림〉 대기압의 변화에 의한 고막의 변화

- 아~. 이해가 됐어요. 그럼 어떻게 해야 해요?

- 문제의 해결은 고막 양쪽의 압력을 같게 해주는 건데... 코하고 귀하고 입하고 연결되어 있지? 그래서 입을 크게 벌렸다가 다물거나, 하품을 하거나, 침을 삼키면 나아질 거야~.

보다 자세한 설명

1. 대기압(大氣壓, atmospheric pressure)

대기압은 공기의 무게 때문에 생기는 지구 대기의 압력이다. 이탈리아의 과학자 토리첼리(Evangelista Torricelli, 1608~1647)는 실험에서 수은조에 약 $1cm^2$의 단면적을 가진 1.2m의 유리관을 세웠다. 그리고 그 높이를 매일 관측하였는데, 관측할 때마다 수은주의 높이가 변화하는 것을 발견하였다. 이후 수은주의 높이가 약

760mm까지 상승하였을 때의 공기가 누르는 힘(압력)을 1기압의 표준으로 삼았고, 이것이 우리가 일상적으로 받는 대기압이다. 이 1기압의 압력은 10m 정도의 물기둥을 어깨에 이고 있는 상태에서 받는 압력과 유사하다. 만약 우리가 해수면 기준으로 수중 10m의 물속에 들어간다면 대기 중의 1기압과 10m 물속의 수중 압력이 합쳐져서 약 2기압의 압력이 우리 몸에 작용하게 된다.

2. 귀가 먹먹해지는 현상

귀가 먹먹해지는 현상은 고막 내부와 외부의 압력 차에서 발생하므로, 비행기를 탈 때, 높은 산에 올라갈 때, 고층 엘리베이터를 타고 높은 건물에 올라갈 때에도 발생하며 심지어는 기차를 타고 터널을 들어갈 때도 발생한다. 기차가 터널을 지나칠 때도 이런 현상이 발생하는 이유는 열차가 빠른 속도로 달릴 때 터널 내부에 있던 공기가 열차에 의해 바깥으로 밀려나면서 갑자기 기압이 낮아지기 때문이다. KTX와 같은 고속철도는 일반 기차보다 두세 배 이상 빠른 속도로 달리므로 터널을 지나칠 때 이와 같은 현상이 심해질 수 있다. 따라서 고속철도의 경우 출입문을 여닫을 때 일반 기차와는 다르게 에어시스템이 동작하여 항공기 수준의 밀폐를 하고 있는데, 그 이유가 바로 여기에 있다.

25.
엄마, 왜 가을에는 단풍이 들어요?

🧢 와~ 단풍이 정말 예뻐요~.

👩 그러게~. 서울에서는 단풍이 지는 참이었는데 여기 제주도는 따뜻해서 이제 한창이 구나~.

🧢 아~ 단풍은 그렇게 날씨가 따뜻하면 늦게 생겨요?

👩 응. 날씨가 추운 지방일수록 단풍이 먼저 와서 우리나라는 점점 남쪽으로 단풍이 내려가지.

🧢 신기하네요. 그런데 단풍은 왜 드는 거예요?

👩 일단, 원래 나뭇잎은 무슨 색이니?

🧢 녹색이요.

👩 왜 녹색일까?

🧢 음, 그거 학교에서 배웠어요. 나뭇잎에서는 엽록소라고 하는 색소가 있어서 녹색으로 보이는 거지요?

👩 그래, 맞아. 낙엽 엽, 녹색 록, 원소 소. 즉 식물의 잎 속에 있는 녹색의 화합물을 엽록소라고 하지. 그러면 그 엽록소는 뭘 하는 걸까?

🧢 음... 알긴 하지만 엄마가 아시는지 테스트하려고 말씀 안 드릴래요.

👩 ... 암튼, 엽록소는 광합성을 해. 즉, 공기로부터 받아들인 이산화탄소와 뿌리로부터 올린 물을 원료로 햇빛의 빛에너지를 이용해서 식물의 몸에 필요로 하는 탄수화물, 즉, 녹말(포도당)과 산소를 만드는 거지.

🧢 오! 정확히 알고 계신데요?

👩 ... 고.맙.다.

🧢 그런데, 왜 가을에는 나뭇잎 색이 바뀌는 거예요? 엽록소가 없어지나요?

👩 그렇지. 가을이 되면 햇빛의 양이 점점 줄어들어. 그러면 햇빛이라는 원료가 부족해 지니 점점 일거리가 줄어들거든. 그래서 엽록소도 점차로 줄어들게 돼. 재료가 부족 하니 공장 문을 닫는다고 생각하면 될까?

🧢 아... 불쌍한 엽록소.ㅠㅠ

👩 사실 단풍이 드는 것은 나무가 겨울을 대비하기 위해서야. 광합성을 하기 위해서는 햇빛, 이산화탄소, 온도, 물 등이 필요한데, 만약 겨울에도 여름처럼 광합성을 하려

- 고 계속해서 물을 끌어올리면 나무 안에서 물이 얼게 되고 곧 나무는 죽게 될 거야. 그래서 가을이 되면 나무들은 광합성을 멈추고 추운 겨울을 대비하는 거란다.
- 아... 그렇게 깊은 뜻이...
- 나뭇잎에서는 엽록소 말고도 노란색, 갈색 등 다른 색소들도 많이 있어. 봄이나 여름에는 엽록소의 활동이 워낙 활발해서 녹색으로 보이지만, 가을이 돼서 엽록소가 사라지게 되면 추위에 강한 노란색 색소(카로티노이드)가 보이게 돼. 그래서 나무가 노란색으로 물드는 거지.
- 네. 알겠어요. 그런데 노란색 말고도 붉은색 나뭇잎도 많은데요?
- 그래, 맞아. 원래 단풍이라는 말 자체가 붉을 단, 단풍 풍해서 붉은 것을 주로 얘기해.
- 아~. 그러네요.
- 엽록소가 만들어 놓은 녹말은 원래 식물의 다른 부분으로 이동해서 에너지원으로 쓰이게 돼. 그런데 가을이 되면 잎이 떨어지기 전에 잎자루에 떨켜라는 것이 만들어져서 잎에서 만들어진 녹말이 다른 곳으로 옮겨지지 않고 잎 속에 쌓여. 이 녹말이 붉은색 색소(안토시아닌)로 변하게 되는데 그래서 나뭇잎이 붉게 보이는 거야.
- 갈색도 있는데요?
- 응. 갈색으로 변하는 것은 방금 말한 것처럼 잎에 쌓인 녹말이 붉은색 색소(안토시아닌)가 아닌 갈색 색소(타닌)로 변하는 경우야. 나무에 따라 다르거든. 갈색으로 변하더라도 노란색 색소도 갖고 있기 때문에 갈색과 노란색이 섞여서 여러 가지 색을 만들어 내. 참 아름답지?
- 아~ 엄마가 홍단을 좋아하는 이유를 이제 알았어요.
- ...

보다 자세한 설명

1. 단풍(丹楓, red leaves)

가을철 잎이 떨어지기 전에 엽록소가 줄어들어 엽록소에 의해 가려져 있던 색소들이 나타나거나, 잎이 시들면서 잎 속에 있던 물질들이 그때까지 잎 속에 없던 색소로 바뀌는 현상이다.

가을철 낮·밤의 온도 차가 심한 곳에서 볼 수 있는 단풍은 남반구에서는 남아메리카 남부의 일부 지역에서만, 북반구에서는 동아시아, 유럽 남서부 및 북아메리카 동북부지방에서 나타난다. 우리나라의 단풍은 아름답기로 전 세계에 알려져 있는데, 전라북도 내장산과 강원도 설악산이 특히 유명하며 보통 단풍이 들기 시작한 지 약 보름이 지나면 절정에 이른다.

단풍이 드는 시기는 기온과 관련이 있어 보통 위도가 높은 북쪽일수록, 해안지방보다 기온이 낮은 내륙지방이 단풍이 빨리 든다. 우리나라에서 가장 단풍이 먼저 드는 곳은 설악산, 가장 늦게 드는 곳은 두륜산으로 알려져 있다. 제주도 한라산은 두륜산보다 위도가 낮지만, 고도가 높아 더 빨리 든다.

2. 광합성(光合成, photosynthesis)

광합성이란 아래 〈그림〉처럼 녹색 식물의 엽록체에서 빛에너지를 이용하여 물과 이산화탄소를 원료로 포도당과 산소를 만드는 과정이다. 광합성에 필요한 물질과 광합성 결과 생성되는 물질은 다음 페이지의 〈표〉와 같다.

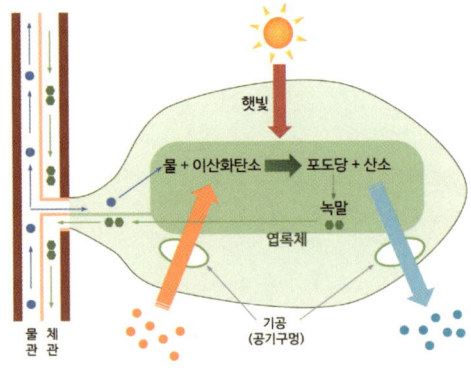

〈그림〉 광합성의 과정

〈표〉 광합성에 필요한 물질과 광합성 결과 생성되는 물질

광합성에 필요한 물질		광합성 결과 생성되는 물질	
이산화탄소	잎의 기공을 통해 공기 중에서 흡수	포도당	광합성을 통해 최초로 만들어진 유기 양분
물	뿌리털을 통해 흡수되어 물관을 따라 잎까지 이동	산소	광합성 결과 생성된 산소 중 일부는 자신의 호흡에 이용되고, 남은 산소는 잎의 기공을 통해 공기 중으로 방출

3. 낙엽이 지는 이유와 낙엽이 지지 않는 나무?

낙엽은 본문에서 설명한 떨켜(잎자루가 가지가 붙어있는 부분)라는 특별한 조직이 생겨서 잎이 떨어지는 현상이다. 은행나무나 단풍나무 같은 낙엽수는 늦가을에 이 떨켜를 만들어 일제히 잎을 떨어뜨리고 겨울을 대비한다. 그러나 모든 낙엽수가 이렇게 떨켜를 만들지는 않는다. 밤나무나 떡갈나무 같은 낙엽수는 떨켜를 만들지 않아 겨울에 갈색으로 변하고 바싹 마른 잎이 강풍에 서서히 떨어져 나간다. 오 헨리의 '마지막 잎새'에 나오는 담쟁이덩굴 역시 떨켜를 만들지 않는다. 이들은 진화적으로 본래 더운 곳에 살아서 떨켜를 만들 필요가 없었기 때문이라는 것이 주된 학설이다.

보통 상록수로 불리는 침엽수는 낙엽을 만들지 않는 것으로 알려졌지만 그렇지는 않다. 소나무 같은 경우 3~4년은 걸려야 새로운 잎이 생기기 때문에 겨울에 나뭇잎이 떨어지지 않는 것처럼 보일 뿐이다. 침엽수 역시 겨울을 대비하기 위해 가을에 잎을 줄이면서 몸을 움츠린다. 낙엽수처럼 가지만 앙상하게 남는 정도가 아닐 뿐이다.

26.
엄마, 계절은 왜 변해요?

- 🧒 그런데 엄마. 이렇게 가을이 되면 단풍이 들잖아요. 그럼 이제 겨울이 오겠지요?
- 👩 그럼.
- 🧒 더운 나라는 겨울이 없지 않아요?
- 👩 엄밀히 말하면 지구상의 모든 지역에는 다 계절이 있어. 다만 적도 부근은 겨울에도 온도가 높아서 우리처럼 춥지 않을 뿐이지.
- 🧒 그렇군요. 그럼 여름에는 엄청 덥겠네요.
- 👩 그래, 맞아. 우리 여름보다 훨씬 덥지.
- 🧒 그런데 계절은 왜 생기는 거예요?
- 👩 좋은 질문이다. 리원아, 1년이 며칠이지?
- 🧒 365일이요.
- 👩 그렇지. 그 1년이 어떤 기준으로 만들어졌는지 아니?
- 🧒 네. 지구가 태양 주위를 한 바퀴 도는 시간 아니에요?
- 👩 그래, 맞아. 그 1년 동안 지구가 태양을 돌아. 그걸 우리가 '공전'이라고 하지.
- 🧒 그러면… 지구가 태양을 도는데 태양하고 가까워지면 더워서 여름이 되고, 멀어지면 추워서 겨울이 되는 거군요?
- 👩 그렇게 생각하는 사람들이 많은데, 답은 땡! 아니야.
- 🧒 그래요?
- 👩 자, 우리가 밤낮이 있는 이유는 뭘까?
- 🧒 음, 지구도 매일 스스로 한 바퀴씩 돌지 않아요?
- 👩 그렇지. 지구도 팽이처럼 매일 한 바퀴를 돌지. 그걸 지구의 '자전'이라고 하지? 그 시간을 우리가 하루라고 정했고. 그래서 태양 앞에 있으면 낮, 태양 뒤로 가면 밤.
- 🧒 네. 그렇죠.
- 👩 그런데 이때 지구가 똑바로 서서 돌지 않고, 23.5도 정도 기울어져서 돌아. 마치 팽이가 속도가 줄어들 때 약간 기울어져서 도는 것처럼.
- 🧒 아~ 맞아요. 지구본도 그렇게 기울어져 있었어요.

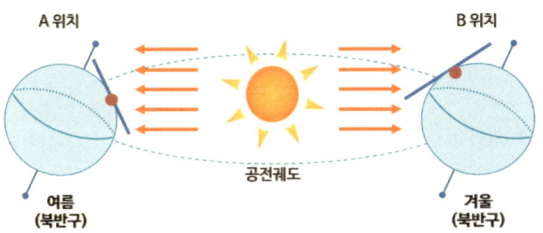

〈그림〉 지구의 공전과 태양고도

- 바로 여기에 계절이 생기는 이유가 있어. 우리나라는 지구 북반구에 있지? 지구가 A위치에 있으면 햇빛을 B위치에 있을 때보다 더 많이 받을 수 있어.
- 그래요?
- 지구에서 보면 A위치에서는 해가 높이 뜨고, B위치에서는 낮게 뜨거든. 그래서 낮의 길이도 달라지지. 여름에는 해가 길고 겨울에는 해가 빨리 지지?
- 네, 맞아요. 여름에는 8시에도 해가 있는데 겨울에는 6시만 되어도 컴컴해요.
- 그래. 그 때문에 하루 동안 받는 태양 에너지의 차이가 생겨서 온도가 달라지고 결국 여름과 겨울, 계절이 변하게 되는 거란다. 그런데 한 가지, 우리는 북반구에 살고 있는데, 남반구는 우리와 계절이 반대야.
- 아, 그렇겠네요.
- 그래서 호주, 뉴질랜드, 나이지리아 같은 나라들에서는 크리스마스가 한여름이지.
- 그래요? 와~ 그럼 산타할아버지는 수영복 입고 루돌프 타나요?
- 하하, 그렇겠네~? ^^

 보다 자세한 설명

1. 지구의 공전(公轉, revolution)

지구는 태양으로부터 약 1억 5천만km 떨어져 있다. 지구의 공전 궤도는 타원형이

긴 하나 이심률은 0.017로 작아서, 태양과 가장 가까운 점(근일점)과 가장 먼 점(원일점)은 500만km(궤도 긴반지름의 3.4%)밖에 차이 나지 않는다. 흔히 태양과 가까울 때 여름이고 멀 때 겨울이라고 생각하기 쉬우나, 실제로 북반구에서 살펴보면 태양과 가까울 때 겨울이고, 멀 때 여름이다. 즉, 지구와 태양의 거리 차이는 계절에 영향을 미치지 않는다. 계절은 순전히 지구의 기울어진 자전축 때문에 발생한다.

지구의 공전 주기는 365.24일로 1년(365일)보다 길다. 이 오차가 4년 동안 누적되면 하루가 되므로, 4로 나누어지는 해를 윤년(2월 29일이 있는 해)으로 하여 오차를 없앤다. 하지만 이렇게 해도 작은 오차가 발생하기 때문에, 100으로 나누어지는 해는 윤년에서 제외하고, 다시 400으로 나누어지는 해는 윤년으로 한다. 즉, 1,900년은 100으로 나누어지므로 윤년이 아니었고, 2,000년은 100으로 나누어지지만 400으로도 나누어지기 때문에 윤년이었다.

2. 지구의 자전(自轉, rotation)

지구의 자전 주기는 23.93시간(23시간 56분 4초)이다. 하루의 길이(24시간)와 약 4분의 차이가 나는데, 이것은 지구의 공전 때문이다. 지구의 자전 주기는 지구가 1번 회전하는 데 걸리는 시간이고, 지구의 하루는 태양이 남중(정남쪽에 위치)했다가 다시 남중하는 데 걸리는 시간이다. 지구가 1번 자전하는 동안 공전도 하므로, 지구 입장에서 태양은 서쪽으로 약 1°(360°/365일≒1) 이동한다. 따라서 태양이 다시 남중하려면 지구는 1번 자전하고 1° 더 돌아야 한다. 지구가 1° 도는 데 약 4분이 걸리므로, 지구의 하루는 자전 주기보다 4분이 더 길다.

3. 계절의 변화

지구의 자전축은 23.5° 기울어져 있다. 그래서 태양의 남중고도(해가 정남쪽에 위치할 때의 고도)가 1년을 주기로 변하는데, 이것이 사계절을 만들어낸다. 태양의 고도가 높아지면, 단위 면적당 입사되는 태양 에너지가 많아지고 낮의 길이가 길어져 여름이 되고, 태양의 고도가 낮아지면, 단위 면적당 입사되는 태양 에너지가 적어지고 낮의 길이가 짧아져 겨울이 된다.

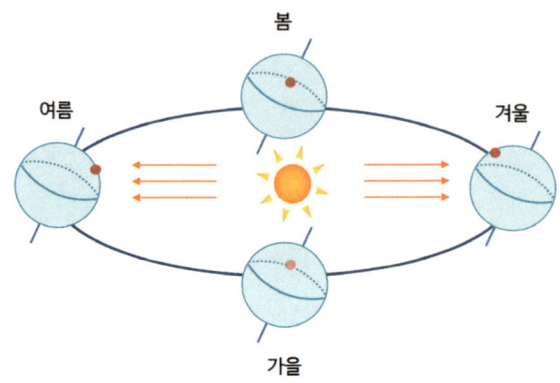

〈그림〉 지구의 공전과 계절의 변화

27.
엄마, 카메라는 어떻게 사진을 찍어요?

🏠 자, 이렇게 좋은 단풍을 배경으로 사진 좀 찍어야 되겠지?

🧢 네. 브이~~~

🏠 어디 보자... 리원이 잘 나왔나?

🧢 눈 감았네요. 흐. 다시 찍어요.

🏠 그래. 참 좋은 세상이다. 엄마 어렸을 때는 사진 한번 찍으면 확인도 못 하고, 나중에 필름 인화해서 사진 못 나오면 아쉬워하고 그랬는데...

🧢 그랬어요? 그러고 보니 카메라도 참 신기하네요. 카메라는 어떻게 사진을 찍지요?

🏠 궁금할 줄 알았다. 사람 눈하고 같은 원리야.

🧢 눈이요?

🏠 응. 사람은 눈으로 어떻게 사물을 볼까?

🧢 그러게요?

🏠 일단, 엄마의 이 맑은 눈을 보렴. 여기 눈동자 있지?

🧢 네... 호수같이 참 맑네요.

🏠 ... 그렇지? 그런데 왜 별로 기분이... 암튼. 각 물체에서 반사된 빛은 이 눈동자의 동공이란 구멍을 지나 우리 눈에 들어오거든. 그러면 눈동자 안의 수정체라는 것을 거치면서 꺾여서 안구 안쪽에 있는 망막에 모여서 상을 만들게 돼. 그렇게 망막에 맺힌 상은 시신경을 통해서 뇌로 전달되어 '이건 돌이다', '이건 사람이다'로 인식하게 되는 거야.

🧢 카메라도 비슷해요?

🏠 그렇지. 모든 카메라는 사람 눈을 본뜬 거야.

🧢 그래요?

🏠 응. 카메라 앞의 이 렌즈가 우리 눈의 수정체처럼 물체에서 반사된 빛을 꺾이게 하여 상을 맺게 해줘. 그리고 상을 맺는 곳에 우리 눈의 망막처럼 필름이나 반도체가 있어서 사진이 만들어지지. 예전에 많이 사용하던 필름은 빛이 들어오면 화학적 변화가 생기는데 이것을 처리해서 사진으로 만들었어. 요즘은 CCD나 CMOS라는 이미지센서 반도체가 빛을 전기적 신호로 바꿔서 바로 이렇게 사진으로 만들어주지.

🧢 그렇군요... 아이쿠~!

- 이런... 괜찮니? 조심하지.
- 무릎에 피나요...
- 엄마의 맑은 눈동자에 습기가 찬다.

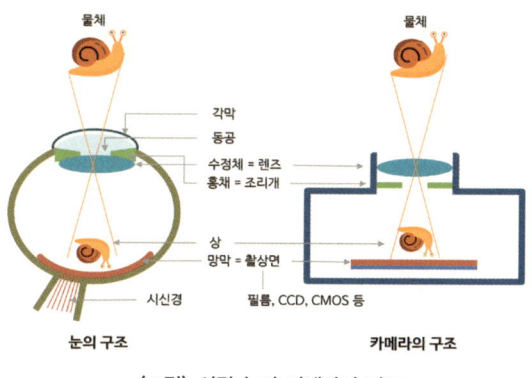

〈그림〉 사람 눈과 카메라의 비교

 보다 자세한 설명

1. 눈의 구조와 원리

1) 눈의 구조
우리 눈은 물체의 빛을 받아들여서 굴절시키는 각막과 수정체, 빛의 양을 조절하는 홍채, 물체의 상이 맺히는 망막, 상을 뇌로 전달하는 시신경과 그것이 모여 있는 맹점 등으로 구성되어 있다.

2) 물체를 보는 원리와 굴절이상
물체에서 반사된 빛은 눈의 각막과 수정체를 거치며 꺾여서 안구로 들어온다. 이때 꺾인 빛은 망막까지 와서 상을 만들게 되고, 망막에 분포해 있는 시신경이 해당 상을 뇌로 전달하게 되면 두뇌의 작용으로 해당 물체를 인식하게 된다.
이때 물체의 상이 망막보다 앞에 맺히는 경우를 근시, 망막보다 뒤에 맺히는 경우를 원시, 물체의 상이 망막의 여러 지점에 맺히는 경우는 난시라고 한다. 이 모두를 통틀어 '굴절이상'이라 한다.
이러한 굴절이상을 해결하기 위하여 우리는 안경이나 콘택트렌즈 등을 착용하여 상이 망막에 잘 맺히도록 교정한다. 요즘 볼 수 있는 라식이나 라섹 등의 시력교정술은 각막의 내부(라식) 또는 외부(라섹)를 레이저로 깎아서 망막에 상이 잘 맺히도록 하는 방법이다.

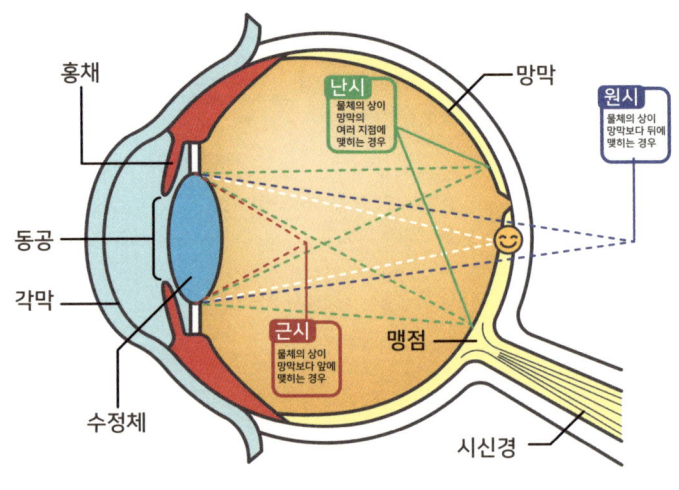

〈그림〉 눈의 구조와 굴절이상

3) 동공과 눈부심

우리가 어두운 곳에 있다가 밝은 곳으로 나오면 눈이 부신다. 어두운 곳에서 빛을 많이 받기 위해 동공이 확장되어 있는 상태로 밝은 곳에 나오게 되니, 빛이 많이 들어오기 때문에 발생하는 현상이다. 시간이 지나면 차츰 동공이 축소되어 눈부심이 사라진다. 반대로, 밝은 곳에 있다가 어두운 곳으로 가면 전혀 보이지 않다가 차츰 시간이 흐르면 보이기 시작하는데, 이는 밝은 곳에서 빛을 적게 받기 위해 동공이 축소되어 있다가 어두운 곳에서 점차로 확장되기 때문이다.

2. 카메라의 구조와 원리

1) 카메라의 기본구조

우리 주변에는 스마트폰 카메라부터 전문가용 카메라까지 매우 다양한 카메라가 출시되어 있다. 그러한 다양한 분류에도 렌즈, 조리개, 셔터 그리고 촬상면의 기본적인 구조는 변함이 없다. 렌즈는 우리 눈의 수정체, 조리개는 동공, 촬상면은 망막에 해당한다. 촬상면에는 필름, CCD(Charge-Coupled Device, 전하결합소자) 또는 CMOS(Complementary Metal-Oxide-Semiconductor, 상보성 금속산화막 반도체) 이미지 센서가 활용된다.

2) 촬영의 원리

모든 카메라는 카메라의 촬상면에 들어오는 빛을 감광하여 촬영한다. 이때 좋은 사진을 얻기 위해서는 마치 우리 눈의 동공을 조절하듯이 조리개와 셔터를 조정하여 카메라의 촬상면에 들어오는 빛의 양을 조절하여야 한다. 어두운 곳에서는 빛의 양이 적으므로 조리개를 넓히거나 셔터의 속도를 늦춰 들어오는 빛의 양을 많게 해야 하고, 밝은 곳에서는 빛의 양이 많으므로 조리개를 좁히거나 셔터의 속도를 빨리해서 빛의 양을 줄여야 적정한 사진을 얻을 수 있다.

빛의 양을 조절하기 위해 조리개와 셔터의 속도 두 가지를 조절할 수 있는데 그렇다면 어떻게 이 두 가지를 조절해야 하는가?

여기서 한 가지, 조리개가 어느 정도 열리는가를 측정하는 F값이라고 하는 것이 있다. F1.4, F2, F2.8, F11 등으로 표시하는데 조리개가 많이 열릴수록 F값은 작아진다.

이때 조리개를 많이 개방한 상태(즉, F값이 적은 상태)에서 찍은 사진은 초점이 맞은 부분만 선명하고 다른 곳은 흐릿한 사진('심도가 얕다'라고 하고, 이러한 촬영 기법을 '아웃포커싱'이라 한다)이 찍힌다. 반대로 조리개를 작게 개방한 상태(즉, F값이 높은 상태)에서는 전체적으로 선명한 사진('심도가 깊다'라고 한다)이 찍히게 된다.

따라서 좋은 사진을 위해서는 얻고자 하는 사진에 적절한 조리개 개방 정도(F값)를 정한 후, 그에 적절한 셔터속도를 맞추어야 한다.

조리개를 많이 개방한 상태(F=5)

조리개를 적게 개방한 상태(F=32)

3. 필름, 디지털 카메라 그리고…

초창기 카메라는 큰 유리판에 감광액을 묻혀 사진을 촬영하는 방식이었다. 한 장 찍을 때마다 암실에서 유리판을 갈아 끼워야 하는.

1888년 유리판을 없애고 감광액이 묻어 있는 '필름'이란 것을 사용한 카메라가 개발되었다. 코닥이라는 회사에서. '버튼만 누르세요, 나머지는 저희가 다 알아서 하겠습니다'라는 슬로건으로 광고를 하며 롤에 감긴 필름을 이용해 셔터만 누르면 촬영이 되는 카메라를 출시한 코닥은 그야말로 혁신기업이었다. 코닥은 이후 110년이 넘도록 지금의 구글이나 애플과 같은 지위를 누렸다.

그렇다면 필름을 사용하지 않고 디지털 이미지 센서를 이용하는 디지털카메라는 누가 최초로 개발했을까? 답은 1975년 당시 세계 최고의 필름 제작업체인 코닥사였다. 일본 카메라 회사들에서 보급형 디지털카메라가 출시되기 시작한 1998년보다 무려 23년이나 앞섰다. 그러나 지금 이 회사는? 2012년에 파산 신청을 하고 한때 전 세계에 종업원 15만 명을 거느렸던 기업이 지금은 생소한 '이미지 솔루션' 기업으로 종업원 천 명 이하로 겨우 생명을 유지하고 있다.

왜 이런 일이 벌어졌을까? 코닥이 개발한 디지털카메라 기술은 코닥사가 당시 엄청난 수입을 거두던 필름시장을 사장시키는 혁신기술이었다. 내부의 필름사업부 임직원들이 디지털카메라의 개발을 적극적으로 방해했고 결국 최고의 기술력을 가지고도 최초 필름에서처럼 디지털 카메라로 혁신을 일으킬 수 없었던 코닥은 후발주자였던 일본 업체들에게 디지털 카메라 시장을 내어주고 결국 실질적인 파산에 이르렀다. 이른바 '혁신자의 딜레마'이다. 과거의 성공이 현재의 성공을 담보하는 것이 아니고, 현재의 성공을 과거의 성공이 가로막을 수 있다는 것이다.

이러한 측면은 부모들이 아이를 교육할 때도 계속 유의해야 하는 부분이다. 부모들이 갖고 있는 고정관념으로 우리 아이들이 진정 발전할 수 있는 기회를 뺏고 있지는 않은지 진심으로 돌아보자. 마치 디지털 카메라를 개발한 혁신적인 아이를 앞에 두고, 필름시장이 없어진다고 이를 못 하게 막고 있는 코닥 같은 부모가 되고 있는 것은 아닌지 말이다.

28.
엄마, 과속 단속 카메라는 어떻게 단속해요?

- 다친 데는 괜찮니? 있다가 숙소 가서 약 바르자.
- 네. 그나저나 이렇게 드라이브하니깐 참 좋아요~. 근데 내비게이션이 왜 이렇게 울려요?
- 그렇지? 속도위반하지 말라고 알려주는 거야.
- 속도위반하면 어떻게 돼요?
- 엄마 아빠가 속도위반해서 누나가 생겼지.
- 네?
- 아니야. 속도위반하면 저기 저런 과속 단속 카메라에 찍히게 돼.
- 아, 저기 카메라가 있구나... 그런데 엄마, 저 카메라는 어떻게 과속을 단속해요?
- 저렇게 고정되어 있는 카메라는 두 지점을 차가 지나는 시간을 측정해서 과속을 단속해.
- 어떻게요?
- 사람들이 저 카메라가 차 속도를 감지한다고 생각하는데, 사실 속도를 감지하는 감지장치, 즉, 센서는 도로에 깔려 있어.
- 도로에요?
- 응. 첫 번째 센서가 카메라 앞 40~60m 정도에 설치되어 있고, 두 번째 센서는 카메라 앞 20~30m 정도에 또 설치되어 있지. 그래서 그 사이를 차가 지나가는 시간을 측정해서 속도를 계산해.

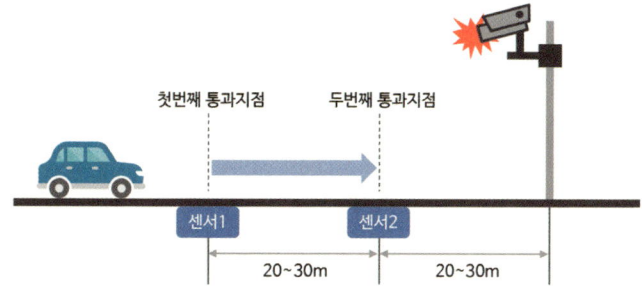

〈그림〉 고정식 과속 단속 카메라의 원리

28. 엄마, 과속 단속 카메라는 어떻게 단속해요?

🧢 어떻게요?

👩 두 센서 간 간격이 예를 들어 20m라고 해보자. 이 사이를 만약 1초에 지나면 차 속도는 1초에 20m를 가는 거지?

🧢 네.

👩 1시간이 3,600초이니 그러면 1시간 동안에는 20m 곱하기 3,600초하여 72,000m, 즉 72km를 가는 거네? 즉, 시속 72km/h가 되는 거야.

🧢 그러면 아까 60km/h가 제한 속도이니 걸리겠네요?

👩 그렇지. 두 센서를 지나는 시간을 재빨리 계산해서 저렇게 과속이 되면 바로 카메라 플래시가 터지면서 사진을 찍어서 단속하는 거야.

🧢 그런데 저기에는 이동식 단속 구간이라고 표지판이 있네요?

👩 응. 맞아. 이 근방에서는 고정되어 있는 카메라가 아니라 이동식으로 설치하는 카메라로 단속한다는 얘기야.

🧢 이동식도 같은 원리예요?

👩 음... 이동식은 다른 방식이야. 레이저 같은 것을 이동하는 물체에 쏘아서 반사되는 것을 측정하여 속도를 측정해.

🧢 어떻게 측정해요?

👩 좀 어려운데...

🧢 그래도 말씀해줘 보세요.

👩 음... 혹시 경찰차나 앰뷸런스 사이렌 소리 들어 본 적 있어?

🧢 그럼요~.

〈그림〉 이동식 카메라에 의한 속도 측정

👩 그때 리원이한테 다가올수록 사이렌 소리가 '앵~~ 앵~~' 하다가 점점 '앵~ 앵~' 하며 더 촘촘해지고, 리원이를 지나서 멀어질수록 '앵~~~ 앵~~~' 하며 느슨해진다고 할까, 뭐 그런 것 느낀 적 있어?

🧢 그러고 보니 그런 것 같아요. 앰뷸런스가 다가올 때는 막 시끄럽게 앵앵거리다가 멀어질수록 띄엄띄엄 들렸던 것 같아요.

👩 맞아. 앰뷸런스가 다가올수록 사이렌 소리가 촘촘해지기는 하는데, 빨리 다가올수록 더 많이 촘촘해지고, 천천히 다가올수록 덜 촘촘해지거든.

- 그렇군요~.
- 이동식 카메라는 움직이는 차에 레이더파를 쏘았다가 반사되는 파를 감지해. 마치 앰뷸런스 사이렌 소리처럼 차가 빨리 다가오면 반사되는 파가 더 많이 촘촘해지고, 천천히 다가올수록 덜 촘촘해져. 그 촘촘해지는 정도의 차이를 감지해서 속도를 측정해. 좀 어렵나?
- 음… 그래도 대충 알 것 같아요. 암튼, 과속을 하면 안 된다는 것은 오늘 확실히 알았어요.
- 그래?
- 누나가 또 나오면 안 되니까요.
- … 걱정 마라. 이젠 그럴 일 없다.

 보다 자세한 설명

1. 과속 단속 카메라

과속 단속 무인카메라는 고정형태에 따라 고정식과 이동식으로, 구동방식에 따라 전파를 이용하는 레이더식, 빛의 반사를 활용하는 레이저식, 감지선에 의해 측정하는 센서식 등으로 구분된다.

고정식 무인카메라는 대부분 센서식으로, 카메라 전방 도로에 속도를 읽는 센서를 내장한 두 줄의 루프를 깔고, 그 사이를 지나는 차의 시간을 측정해 속도로 환산한다. 도로 사정에 따라 차이가 있지만 보통 첫 번째 센서는 두 번째 센서의 20~30m 전방에, 두 번째 센서는 카메라 전방 20~30m 지점에 설치된다. 첫 번째 센서와 두 번째 센서의 통과 시간을 측정하여 과속이 인지되면 바로 카메라가 동작하여 사진을 찍도록 되어 있다. 따라서 카메라 바로 앞에서 속도를 줄여도 단속이 되며, 최소한 카메라 60m 전방에서는 속도를 줄여야 한다.

이동식 무인카메라는 말 그대로 고정식이 아니고 이동이 가능한 카메라이다. 이동식은 고정식처럼 센서를 설치하기가 어려우므로 일반적으로 레이더(전파) 또는 레이저의 도플러 효과를 통해 속도를 감지한다. 즉, 전파 또는 레이저를 이동하는 자동차에 발사하고 반사되어 돌아오는 전파 또는 레이저 주파수를 측정하는데, 차가 빨리 다가올수록 반사되는 파의 주파수가 더 많이 높아지고, 천천히 다가올수록 덜 높아진다. 이의 차이를 계산하여 속도를 측정한다. 이동식은 흔히 스피드건이라 불리며 야구에서 투수가 던진 공의 속도를 측정할 때도 사용된다.

2. 도플러 효과(Doppler effect)

도플러 효과란 파원에서 나온 파동의 주파수(진동수)가 파원 또는 관측자의 상대적 운동에 따라 주파수(진동수)가 다르게 관측되는 현상으로, 1842년 오스트리아의 물리학자 크리스티안 도플러가 발견한 물리 현상이다. 예를 들어 기차가 관측자 쪽으로 다가올 때는 기적소리가 높게 들리다가 관측자를 지나친 직후에는 갑자기 낮게 들리는 것이 그 예이다. 즉, 기차가 다가올 때는 파장이 짧아져서 진동수가 높아지게 되고, 지나간 후에는 파장이 길어지면서 진동수가 낮아지게 되는 것이다.

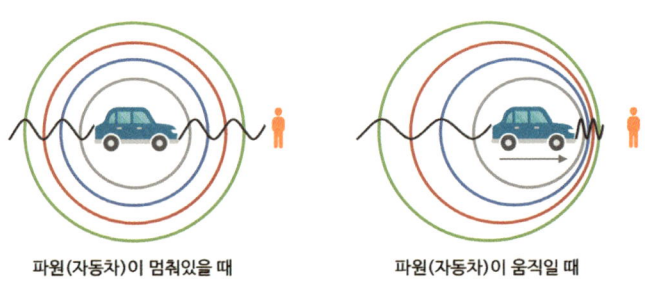

파원(자동차)이 멈춰있을 때   파원(자동차)이 움직일 때

〈그림〉 도플러 효과

29.
엄마, 우리 몸의 피는
무슨 일을 해요?

- 아까 넘어진 데 보자. 소독하고 약 발라야지.
- 아야~~.
- 엄살은... 그렇게 조심 좀 하지.
- 아프단 말이에요... 살살 좀 해주세요.
- 엄살은 아빠 닮았나보다.
- 나쁜 거는 다 아빠 닮았군요. 그나저나, 왜 다치면 피가 나요?
- 그야 넘어져서 다치니 피부하고 그 밑의 혈관이 찢어져서 혈관 안의 피가 나오는 거지.
- 그런데 피는 왜 붉어요?
- 피, 즉, 사람의 혈액 중에는 적혈구라는 것이 있어. 붉을 적, 피 혈. 이것이 이름처럼 붉은색을 띠고 있는데 그 수가 많다 보니 피가 빨갛게 보이는 거야.
- 적혈구는 무슨 일을 하길래 그렇게 많아요?
- 좋은 질문이야. 적혈구는 우리 몸 안에서 산소를 필요로 하는 모든 세포들에게 산소를 운반해주는 중요한 일을 하고 있어. 적혈구 안에는 헤모글로빈이라고 하는 철 성분을 가진 분자들이 있는데 얘가 바로 그 담당이야. 마치 택배 아저씨 같다고나 할까?
- 그렇군요. 엄마도 택배 아저씨 안 계시면 못 사시잖아요.
- ... 암튼, 그 헤모글로빈이 붉은색을 띠고 있어서 적혈구가 붉게 보이는 거지.
- 네. 그런데 피가 어떤 때는 맑고 어떤 때는 좀 까맣던데요?
- 맞아. 폐를 거쳐서 산소와 결합한 헤모글로빈은 밝은 붉은색을 띠어. 그런데 얘가 우리 몸을 돌아 각 세포들에 가서 산소를 전해주고 대신 이산화탄소를 받으면 검붉은색이 돼.
- 아~. 그래서 엄마가 체해서 손을 따면 맨날 검붉은 피가 나오는군요?
- 그렇지! 정맥을 도는 피는 다 그렇게 검붉어.
- 그런데 왜 소독약을 바르죠?
- 그야 상처로 병균이 들어가지 않도록 하려는 거지.
- 아까 흙이 막 묻었었는데... 그럼 병균이 들어가서 저는 이제 곧 병에 걸리는 건가요?

🧑 꼭 그렇지는 않아. 피에는 백혈구라고 이름은 백혈구지만 무색의 세포가 있거든.

👦 백혈구요?

🧑 응. 이 백혈구는 평소에는 별 역할을 안 하는 것 같은데 외부에서 세균이나 바이러스가 침입하면 마구 달려가서 그것들을 죽이는 역할을 해. 말하자면 우리 몸의 경찰 또는 방위군에 해당한다고 할까?

👦 오~. 신기하네요. 그나저나 이제 피가 멈췄어요~.

🧑 피가 안 멈추면 어떻게 되겠니?

👦 그야... 몸 안의 피가 다 나오면...

🧑 그래. 사람은 아마 곧 죽을 거야.

👦 아...

🧑 다친 피부와 혈관이 재생되려면 며칠이 걸리는데 그전에 일단 막아야겠지? 그래서 피 안에는 혈소판이라는 아주 작은 세포가 또 있어.

👦 혈소판이요?

🧑 응. 비록 덩치는 작지만 피를 멎게 하는 아주 중요한 일을 하지. 상처가 나면 혈소판은 손상된 혈관 벽에 붙어서 혈관을 막고, 또 혈소판끼리 엉겨 붙어서 피를 멎게 해줘. 물론 혈소판 혼자 하는 것은 아니고 여러 인자들이 서로 도와주긴 하지만.

👦 네. 그러면 피는 이렇게 적혈구, 백혈구, 혈소판 3가지로 구성된 건가요?

🧑 리원이 수영장 가서 미끄럼틀 타봤지?

👦 그럼요. 흐흐. 제가 젤 좋아하잖아요.

🧑 그때 미끄럼틀하고 놀이터 미끄럼틀하고 차이가 뭐였어?

👦 음... 수영장 미끄럼틀에서는 물이 흘렀던 것 같아요.

🧑 왜 그랬을까?

👦 그야... 잘 미끄러져 내려오라고 그런 것 아닐까요?

🧑 그렇지? 놀이터 미끄럼틀처럼 아무것도 없는 것보다 물이 있어야 잘 미끄러지겠지? 그런 것처럼 적혈구, 백혈구, 혈소판을 혈관을 따라 잘 움직이게 하려면 물과 같은 성분이 필요해.

- 아, 그렇겠네요. 물에 둥둥 떠가는 적혈구...
- 그렇지! 피에는 그런 물과 같은 성분이 있는데 그걸 혈장이라고 해.
- 야... 사람은 누가 만들었는지 정말 기가 막히게 잘 만들었네요.
- 그렇지? 엄마가 널 만들었단다.
- 아빠는요?
- .. 아빠는 잠깐, 아주아주~~ 잠깐 고생했어. 흥.

보다 자세한 설명

1. 혈액의 역할

우리 몸은 약 4~6리터의 혈액을 가지고 있다. 혈액은 뼛속에 있는 골수에서 만들어진 후 우리 몸의 혈관을 통해 온몸을 끊임없이 순환하며 우리의 생명을 지키고 유지하는 중요한 역할을 한다.

우리 몸은 수많은 세포로 이루어져 있는데 이 세포들은 각자 맡은 역할을 충실히 수행하기 위하여 산소와 영양분을 필요로 한다. 폐에서 대기 중의 산소를 공급받아 이를 필요로 하는 세포로 전달하고 위장관에서 흡수한 영양물질들을 세포로 운반해주는 중요한 일을 하는 것이 바로 혈액이다. 세포들로부터 노폐물을 운반하여 신장으로 하여금 제거하도록 하는 일도 하고 있다.

혈액은 또한 우리 몸에 침입한 세균 및 바이러스 등에 대항하여 싸울 수 있는 성분인 백혈구와 항체 등을 가지고 있어 우리 몸이 세균 감염 등의 질병으로부터 보호받을 수 있도록 하는 아주 중요한 역할을 한다. 만약 우리 몸의 일부분에 혈관이 막혀 혈액 순환이 안 되게 되면 그 부분은 세균에 감염되고 세포들은 죽게 된다.

2. 혈액의 구성

혈액은 크게 혈구 성분과 혈장 성분으로 나누어진다.

1) 혈구

혈구는 세포성분으로 적혈구, 백혈구 및 혈소판으로 이루어져 있다. 혈액의 1/2 정도를 차지하며 뼛속에 위치하고 있는 골수의 조혈모세포로부터 만들어진다.

■ 적혈구

적혈구는 골수의 조혈모세포에서 분화되어 만들어지며 혈구 중에서 가장 많은 수를 차지한다. 크기는 직경이 약 7마이크로미터 정도로 작다. 건강한 어른인 경우 피 1마이크로리터에 약 400~500만 개의 적혈구가 들어 있고 피 한 방울엔 약 3억 개의 적혈구가 들어 있다. 피가 붉은색인 이유는 바로 이 적혈구 때문이다.

적혈구는 우리 몸 안에서 산소를 필요로 하는 모든 세포들에게 산소를 운반해 주는 아주 중요한 역할을 하고 있다. 적혈구 안에는 헤모글로빈(hemoglobin)이라고 하는 철 성분의 분자들이 있는데, 적혈구 한 개당 약 3백만 개 정도의 많은 헤모글로빈이 들어 있다. 이들이 폐에서 공기 중의 산소를 받아 운반해 준다. 산소와 결합된 헤모글로빈은 옥시헤모글로빈(oxyhemoglobin)이라고 하며 밝은 붉은색을 띤다. 옥시헤모글로빈을 가지고 있는 적혈구가 동맥을 통해 각 조직의 세포들로 가서 산소를 전해주고 대신 세포의 노폐물 중 하나인 이산화탄소를 받게 되면 헤모글로빈은 검붉은색의 카복시헤모글로빈(Carboxyhemoglobin)으로 변하게 된다. 정맥을 도는 피의 색깔이 검붉은 이유는 바로 이 때문이다. 골수에서 적혈구를 잘 못 만들거나 출혈로 인해 적혈구가 모자라게 되면 빈혈이 생기게 된다.

■ 백혈구

백혈구는 피 1마이크로리터 속에 약 4,000~10,000개가 들어 있어 적혈구에 비해 그 수가 적다. 평상시에는 그 수가 적지만 외부에서 침입자(박테리아, 바이러스 등)

가 들어와 우리 몸을 공격하면 이에 대항하여 백혈구 수를 증가시키고, 침입자 세균들이 있는 곳으로 달려가 이들을 제거하는 아주 중요한 일을 한다.

백혈구 중 약 2/3 정도는 세포 안에 아주 작은 알갱이(granule)들을 가지고 있는 과립구(granulocyte)이다. 이들은 박테리아가 침입한 곳으로 달려가서 침입자들을 해치운다. 나머지 단구(monocyte) 또는 대식세포(macrophage)는 과립구와 마찬가지로 침입자들을 해치우는데, 해치운 세균들을 세포 안에서 처리한 후 우리 몸의 면역 시스템에 그 정보를 제공하여 이후에 같은 세균이 침입하였을 때 신속하게 죽일 수 있도록 도와준다.

■ **혈소판**

혈소판은 혈구 중에서 크기가 가장 작으며, 어른 피 1마이크로리터 속에 약 15~40만 개가 들어 있다. 혈소판은 상처가 났을 때 피를 멎게 해주는 아주 중요한 일을 한다. 상처가 났을 때 혈소판은 손상된 혈관 벽에 붙고(adhesion) 또 혈소판끼리 서로 엉겨 붙으며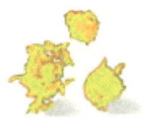
(aggregation) 혈액응고를 일으켜 피를 멎게 해준다. 혈소판도 골수에서 만들어지므로 골수에 병이 생겨 혈소판을 잘 만들어 내지 못하게 되면 혈소판 감소증이 발생하여 심한 출혈로 고생할 수 있다.

2) 혈장

혈장은 액체성분으로 주로 수분으로 이루어져 있으며 생명유지에 필수적인 전해질, 혈액응고인자, 단백성분 등이 포함되어 있다. 다음 장에서 살펴볼 혈액형이 나누어지는 원인인 응집소는 혈장 안에 포함되어 있다.

3. 혈액응고와 혈우병

혈액응고란 다쳐서 피가 날 때 혈액이 엉겨 붙어 피를 멎게 하는 것을 말한다. 상처 부위에서 혈소판과 혈액응고인자들이 서로 도우며 혈액응고를 일으켜 피를 멎게 하는 것인데, 혈소판 또는 혈액응고인자가 모자라면 출혈이 일어나도 피가 잘 멎지 않게 된다.

혈액응고인자는 혈장 속에 함유되어 있는데 제1혈액응고인자부터 제13혈액응고인자까지 많은 종류의 인자들이 순차적으로 작용하여 혈액응고를 일으킨다.

혈우병이란 혈액응고인자가 유전적으로 결핍되어 혈액응고기전에 장애가 생겨 출혈 시 지혈이 잘 되지 않는 병을 말한다. 혈우병A는 제8혈액응고인자가, 혈우병B는 제9혈액응고인자가 결핍되어 생기는 병이다. 혈우병은 유전병이므로 근본적인 치료는 아직 가능하지 않으나 혈우병 환자들에게 절실하게 필요한 제8응고인자 농축제제 또는 제9응고인자 농축제제가 상품화되어 결핍된 응고인자를 보충할 수 있게 되었다.

혈우병은 X염색체에만 존재하며 X염색체 열성으로 유전된다. 여자의 경우는 X염색체가 2개이므로 혈우병 유전자를 한쪽 부모로부터만 받으면 나머지 X염색체가 제 기능을 하므로 혈우병에 걸리지 않고 혈우병 유전자의 전달자 역할만 하게 된다. 19세기를 풍미했던 영국 여왕 빅토리아는 혈우병 유전자의 전달자였다. 9명의 자녀 중 아들 레오폴드는 혈우병에 의해 31세에 사망하였고 딸인 앨리스와 베아트리체는 프러시아, 러시아 및 스페인 왕가에 혈우병 유전자를 전파하여 많은 왕자들이 어린 나이에 죽게 되었다.

30.
엄마, 혈액형은 왜 생겨요?

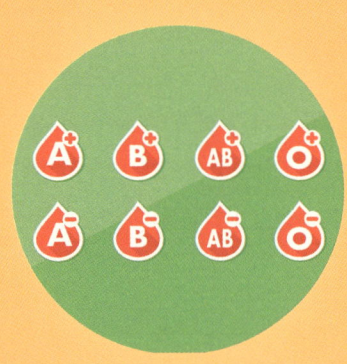

- 엄마, 참, 저는 혈액형이 B형이죠? 누나도 B형이에요?
- 누나는 O형이야.
- 그래요? 누나랑 혈액형이 달랐구나. 엄마랑 아빠는요?
- 아빠는 B형, 엄마는 O형.
- 그러면 혈액형은 왜 생기는 거예요?
- 일단 한 가지. 만약 우리나라에 적군이 침입하면 어떻게 될까?
- 당연히 우리 군대가 맞서 싸워서 물리쳐야지요. 그런데 갑자기 왜요?
- 그렇지? 우리 몸에도 바로 그런 반응이 있는데 바로 그 적군을 '항원'이라고 하고 우리 쪽 좋은 군대를 '항체'라고 해. 항원이 들어오면 항체가 생성되어 그 항원에 달라붙어서 물리치지.
- 네. 항원이 나쁜 거고 항체는 좋은 거군요.
- 대부분 그렇기는 한데, 꼭 그렇게 볼 수만은 없어. 혈액형의 경우가 그래. 우리 몸이 뭔가 이질적인 것으로 인식하면 그것이 항원이 되고 그것에 대응하는 것이 항체가 돼.
- 좀 어려워요.
- 우리 피는 세포성분의 적혈구, 백혈구, 혈소판이 있고 액체성분의 혈장이란 것이 있다고 했지? 그중 우리 피가 빨갛게 보이는 건 무엇 때문이라고?
- 적혈구요. 그 안에 들어 있는 헤모글로빈 때문이고요.
- 그렇지! 그 중요한 적혈구가 사람에 따라 차이가 있어. 그게 혈액형이야.
- 어떻게 차이가 있는데요?
- 혈액을 분류하는 방법은 여러 가지가 있는데 대표적인 것이 ABO식이니 그것에 대해 얘기하자꾸나. 적혈구 세포막에는 혈액형에 따라 다른 성분이 붙어 있어. 즉, A형인 사람은 적혈구 바깥 부분에 A형 성분, B형은 B형 성분, AB형은 A형과 B형 성분 둘 다를 갖고 있어. O형은 없고.
- 오~ 그래요? 신기하네요.
- 더 신기한 건, 혈액형에 따라서 그 A형, B형 성분을 항원으로 여겨 항체 반응을 일으키는 물질을 혈장에 가지고 있다는 거야.

🧒 네?

👩 다시 말해서, A형인 사람은 적혈구에 A형 성분을 갖고 있는데, 혈장에는 B형 적혈구에 반응하는 항체를 갖고 있어.

🧒 그럼 B형인 사람은 적혈구에 B형 성분이 있고, 혈장에는 A형 적혈구에 반응하는 항체를 갖고 있나요?

👩 그렇지! AB형인 사람은 그럼 어떨까?

🧒 적혈구에 A형, B형 모두를 갖고, 혈장에는 그럼 둘 다에 반응하는 항체가 없나요?

👩 역시 우리 리원이!!! O형은 적혈구에 A형, B형이 모두 없고, 혈장에는 A형, B형 모두에 반응하는 항체가 있단다.

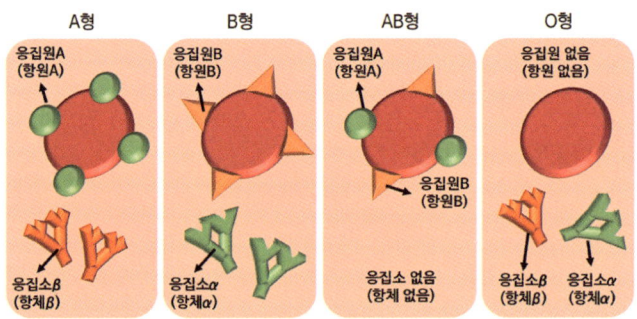

〈그림〉 혈액형별 응집원(항원)과 응집소(항체)

🧒 오... 정말 신기한데요.

👩 아까 말한 그 항체는 해당하는 적혈구가 들어오게 되면 항원으로 간주하여 달라붙어서 피를 엉키게 만드는 응집반응을 일으키게 돼. 즉, A형인 사람에게 B형 적혈구가 들어오면, A형인 사람의 혈장에 있는 B형 항체가 B형 적혈구와 반응하여 응집되는 거란다.

🧒 응집이 되면 어떻게 돼요?

👩 적혈구를 적군으로 간주해서 항체가 파괴해.

🧒 어머나...

👩 그래서 심하면 빈혈로 죽게 되지...

- 아... 큰일이네요. 그럼 AB형인 사람은 항체가 없으니 어떤 사람의 피가 들어와도 되겠네요?
- 그렇지! 반대로 O형인 사람은 항체가 둘 다 있으니까 어떤 혈액도 들어오면 응집이 된단다.
- 아, 불쌍한 O형.
- 하하. 그런가? 그런데 사실 수혈은 기본적으로 같은 혈액형에서 해야 해. AB형인 사람의 혈장에는 A형 적혈구와 반응하는 항체가 없어서 A형 혈액을 넣어도 될 것 같지만, A형 혈액의 혈장에는 B형과 반응하는 항체가 있기 때문에 이 항체가 AB형 적혈구와 반응을 해서 문제가 생기거든. 그래서 적혈구만 뽑아서 수혈하거나 아주 생명이 위독한 상황에서 소량만 수혈을 해야지, AB형이라고 아무 피나 다 수혈하거나 O형의 피라고 모든 혈액형에 마구 수혈을 할 수 있는 것은 아니야.
- 아~. 그렇군요.
- 사실 이런 혈액형이 알려지기 시작한 건 1900년이야. 100년이 조금 넘었지? 그 전에는 사람의 피는 모두 같다고 생각해서 아무에게나 수혈을 해 많은 사람들이 심각한 부작용을 겪거나 사망에 이르렀지...
- 아... 그런 비극이...
- 그나저나 리원이는 B형 남자네?
- 그럼요~. 인터넷 찾아보니 B형 남자가 제일 매력적이더라고요~. 연우는 O형인데 B형인 저랑 잘 맞는데요~~~.
- ... 엄마, 아빠를 보거라...

 보다 자세한 설명

1. 적혈구 혈액형의 발견

17세기 초 영국의 의사이자 생리학자인 윌리엄 하비(William Harvey)에 의해 혈액 순환에 대한 근대적인 개념이 정립된 이후 17세기 후반에는 동물의 피를 사람에게 수혈하는 치료법이, 19세기 초에는 헌혈자의 동맥을 수혈자의 정맥에 연결하는 직접수혈요법이 시행되었다. 그러나 당시에는 혈액형에 대한 개념이 없어 치명적인 수혈부작용을 피할 수 없었다.

1901년에 오스트리아의 병리학자인 카를 란트슈타이너(Karl Landsteiner)는 사람의 혈액을 다른 사람에게 수혈하면 심한 수혈부작용이 유발되는 이유가 동종응집소(isoagglutinin)에 의해 적혈구가 파괴(용혈)되기 때문이라고 주장하였고 마침내 이듬해에는 ABO 혈액형을 발견하여 A형, B형 그리고 C형(이후 '존재하지 않는다'는 의미의 독일어 'Ohne'를 따서 "O"형으로 이름을 고침)으로 명명하였다. 네 번째 혈액형인 AB형은 1902년에 그의 제자들에 의해 발견되었다. 그는 이 공로로 노벨생리학, 의학상을 수상하였다. 수많은 사람의 생명이 구해진 것을 생각하면 노벨상 백 개도 아깝지 않을 큰 공헌이 아닐까 한다.

이후 20세기 전반기 혈청학의 발전에 힘입어 1950년대까지 MNSs, P, Rh, Lutheran, Kell, Lewis, Duffy, 및 Kidd 등의 적혈구 혈액형 항원을 찾아낼 수 있게 되었다. 현재까지 약 500여 가지의 혈액형 항원들이 발견되었다.

2. 혈액형의 종류와 수혈

사람의 경우 ABO식 혈액형이 유명하나 이 외에도 Rh식, MNSs, Lewis Duffy, Kidd 등의 혈액형 분류가 있다. 이중 ABO식과 Rh식이 중요하게 다루어지는데, 수혈하였을 때 항원-항체 반응으로 서로 다른 혈액형의 적혈구를 파괴하기 때문이다. 이 두 혈액형이 맞았을 때 수혈에 문제를 일으킬 수 있는 경우는 극히 드물어 수혈할 때 이 두 가지 혈액형만 검사한다. 일반적으로 O형은 A, B, AB형 모두에게 수혈해 줄 수 있고, AB형은 모두에게 소량을 받을 수 있으나 전시상황 같은 부득이한 경우가 아니면 같은 혈액형이어야 부작용이 적다. 병원에서는 원칙적으로 같은 혈액형만 수혈을 한다. 적혈구 막에 Rh 응집원(응집원D)이 있으면 Rh+형, 없으면 Rh-형으로 구분한다. ABO식이 같더라도 Rh-는 Rh+의 피를 수혈받지 못한다. 하지만 Rh+쪽은 Rh-를 수혈 받을 수 있다. 물론 마찬가지로 소량으로 수혈했을 경우다. 미국 등 서양에서는 Rh-형의 비율이 20% 정도로 높지만, 한국을 비롯한 동양인은 Rh-비율이 0.1% 정도에 불과하다.
ABO식에도 많은 돌연변이가 있어 약(弱)A형이나 약B형의 경우 O형으로 오진될 수 있는 등 다양한 변이가 알려져 있다. 한편 인간 이외의 다른 동물도 혈액형이 구분되는데 개와 같은 경우 11가지의 혈액형이 알려져 있다.

3. 혈액형과 성격

혈액형과 사람의 성격을 구별하는 시도는 독일의 우생학에서 시작되었다. 독일의 둥게룬이 우생학에 ABO형을 도입하여 A형이 많은 게르만족이 B형이 많은 동양인보다 우수하다는 인종 우월론을 주장하였다. 독일에 유학을 다녀온 일본인 의사 키마타 하라가 1916년 혈액형과 성격을 연결시키려는 논문을 발표하며 이러한 혈액형 우생학이 일본에 전해지게 되었다. 이에 영향을 받은 동경여자사범학교의 강사 후루카와 다케지는 1927년 주변 인물 319명을 조사한 '혈액형에 의한 기질연구'라는 논문에서 혈액형에 따른 성격의 연관을 주장했으나 유의미한 연관관계는 밝히지 못했다.

이후 이 설의 영향을 받은 일본의 작가 노오미 마사히코가 자신이 만나본 사람들을 관찰한 결과로 ABO식 혈액형과 성격을 연관 지은 '혈액형 인간학'이라는 책을 출간했는데 그것이 유행하면서 여성지 등을 중심으로 궁합, 직업, 대인관계, 학습법 등으로 응용되어 다양한 방면으로 영역을 넓혀 갔다. 한국에는 일본의 서적들을 여성지 중심으로 번역, 인용하면서 거부감 없이 대중화되어 왔다.

혈액형과 성격 사이에 유의미한 관계가 있다는 사실은 과학적으로 입증되지 않았다. 혈액형 결정에 관여하는 유전자의 효소는 적혈구 표면에만 작용하고, 이게 뇌나 신경계에 영향을 미치는 것은 아니다. 성격 결정에 가장 중요한 일을 하는 뇌에는 혈액 뇌관문이라는 것이 있어 혈액이 직접 닿지도 않기 때문에, 혈액형이 성격에 직접 영향을 미칠 수가 없다. A형과 O형의 차이는 적혈구 항원부의 N-아세틸갈락토사민이라는 당이 붙어있는가 아닌가의 차이 정도고, B형과 O형의 차이는 갈락토스라는 당이 붙어있는지의 차이뿐이다. 유전적으로는 이런 당이 붙는 효소를 만드는 유전자 몇 개의 뉴클레오티드의 염기서열이 다를 뿐이다. 성격과 유전자의 관계에 대해서도 증명이 되지 않은 터에 ABO식 혈액형을 결정하는 단백질 하나만으로 성격이 결정된다는 것은 전혀 근거가 없다.

백 번 양보해서 혈액형이 성격에 영향을 미친다고 하더라도, 애초에 사람의 성격은 선천적인 유전적 요인과 후천적인 환경적 요인에 의해 함께 좌우되는 경향이 크다. 가족 관계, 교육 환경, 인간관계, 경제 상황 등 성격에 영향을 미치는 사회적 인자는 다양하다. 이러한 환경적 요인을 무시한 채 혈액형으로 성격이 좌우된다고 믿는 것은 극단적 우생학에 지나지 않는다.

전 세계적으로 혈액형에 따른 성격을 믿는 나라는 한국과 일본밖에 없다. 서양에서는 심지어 죽을 때까지 본인의 혈액형이 뭔지도 모르는 경우도 많다. 통계적으로도, 학술적으로도 근거 없는 혈액형과 성격의 연관성을 사람들이 계속 믿게 되는 이유에 대해서 심리학에서는 다음의 이론으로 설명하고 있다.

- 선택적 지각   자기에게 의미 있는 정보나, 특별한 정보만을 선택적으로 받아들이는 현상(모든 혈액형의 성격을 섞어 놓고 물어보니 A, B, AB, O형 모두 자신에게 해당한다고 대답)
- 바넘효과   사람들이 보편적으로 가지고 있는 성격이나 심리적 특징을 자신만의 특성으로 여기는 심리적 경향
- 확증편향   사람들이 자신의 생각과 일치하는 상황이나 자료만 찾아내고 그와 반대되는 것들은 무시하거나 폄하하는 심리
- 피그말리온 효과 타인이 나에게 기대하는 것이 있으면 기대에 부응하는 쪽으로 변하려고 노력하게 되는 것

31.
엄마, 비누는 어떻게 때를 벗겨요?

- 리원아, 이제 좀 씻자.
- 네~.
- 비누로 깨끗이 씻어~~~.
- 알았어요. 엄마도 참... 제가 뭐 어린앤가요.
- ... 그래 미안타...
- 미안하면 엄마, 왜 비누로 씻으면 때가 잘 빠지는지 알려주세요.
- 음... 엄마랑 협상을 하다니... 암튼 리원이 너 연우 좋아하지?
- 그럼요. 헤헷.
- 쑥스러워하기는... 그러면 다은이는?
- 저의 천적이잖아요. 으...
- 그래. 사람도 그렇게 좋아하는 친구, 싫어하는 친구가 있듯이 물질도 좋아하는 물질, 싫어하는 물질이 있어. 좋아하는 물질에는 잘 녹고, 싫어하는 물질에는 잘 녹지 않지.
- 그래요? 물질도 좋아하고 싫어하는 게 있어요?
- 그럼. 설탕은 물에 잘 녹고 기름은 그렇지 않지? 설탕은 물하고 친한데, 기름은 그렇지 않은 거야.
- 오~, 그럴듯한 설명이에요.
- ... 암튼, 우리 몸이나 옷의 때는 기름과 비슷한 성분이어서 물을 싫어하고 물에 잘 녹지 않아.
- 아, 그래서 물로만 씻으면 잘 안 빠지는 거군요.
- 그렇지. 그런데 비누라는 것은 좀 희한하게 생겼어. 비누의 분자는 마치 성냥개비처럼 머리와 꼬리 부분으로 나눌 수 있는데, 기다란 꼬리 부분은 기름과 친한 성질(친유성)을 가지고 있고, 머리 부분은 물과 친한 성질(친수성)을 가지고 있어.

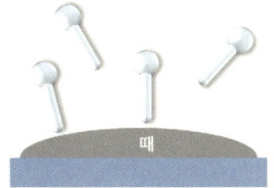

〈그림〉 비누 분자와 때

- 그래요?
- 응. 그러면 기름과 친한 꼬리 부분은 어떻게 될까?

- 아까 때가 기름과 비슷하다고 했으니 그 때에 달라붙게 되나요?

〈그림〉 때에 달라붙는 비누의 친유성 분자

- 그렇지! 미워하려야 미워할 수가 없다. 그리고 비누의 머리는 뭐와 친하다?
- 물이요.
- 그래 맞았어. 우리가 손 씻을 때 물에다 비누를 풀지?
- 아! 그래서 그렇군요. 그렇다면 비누의 머리는 물에 붙나요?
- 그렇지! 기름과 친한 성질 때문에 때에 달라붙었던 비누 분자는 다시 그 머리가 물과 친하기 때문에 때를 물로 잡아당기게 되지.
- 오~. 때가 비누에 체포되는 거네요?
- 그래, 맞아! 그렇게 생각하면 제일 쉬워. 결국, 때는 비누 분자에 둘러싸여 우리 몸이나 옷에서 떨어져 나오게 된단다.

〈그림〉 때를 벗겨내는 비누의 분자

- 그럼 비눗물이 뿌연 이유가 바로 그 때가 나와서 그런 거예요?

- 그렇지. 비누에 의해서 나온 때는 여전히 물에 녹지는 않고 다만 몸이나 옷으로부터 분리되어 물로 나온 것뿐이야. 그래서 물에 녹은 설탕과 달리 뿌옇게 되는 거지.
- 전에 보면 엄마가 세탁소 아저씨한테 옷 맡기면서 '드라이클리닝' 해달라고 하셨잖아요. '드라이'라면 물이 없이 세탁한다는 건데 그거는 물 없이 어떻게 세탁해요?
- 좋은 질문이야. 세탁소에서 해주는 드라이클리닝은 말 그대로 물을 사용하지 않고 때를 잘 녹이는 물질(유기용제)을 사용하여 기름때를 제거하는 거야. 물세탁으로 손상되기 쉬운 옷 등을 맡기는 거란다.
- 오~. 그렇군요. 전 또 엄마가 빨래하기 싫어서 맡기시는 줄 알았죠.
- 물론 그렇기는… 그나저나 빨리 씻고, 우리 오늘 마지막 날인데 노래방 갈까?

보다 자세한 설명

1. 비누분자의 구조와 계면활성제

비누 분자는 기름때와 친한 친유성기 부분(탄화수소)과 물과 친한 친수성기 부분(카르복시기)으로 나뉜다.

물과 기름처럼 서로 다른 성질의 물질은 서로 섞이지 않으려고 경계면(계면)을 형성하게 된다. 이러한 (경)계면을 무력화시켜 서로 잘 섞일 수 있도록 (활성)하는 물질을 '계면활성제'라고 한다. 이것은 하나의 분자에 친수성 부분과 소수성(또는 친유성)을 동시에 갖고 있는 양친성 물질로서, 경계면에 붙어서 두 물질을 분리하는 데 사용한다. 우리가 널리 사용하는 비누와 합성세제가 대표적인 계면활성제이다.

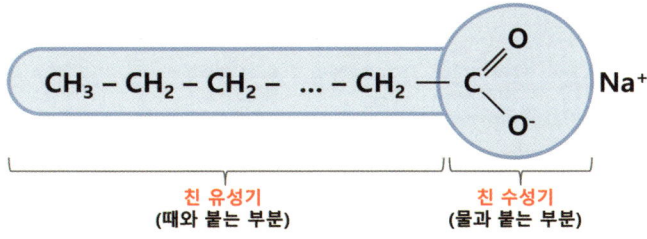

〈그림〉 비누 분자의 구조

2. 물에 뜨는 비누 이야기

비누는 물에 가라앉는다. 목욕이나 빨래가 주로 강가에서 이루어지던 예전에는 비누를 놓치면 잃어버리는 경우가 대부분이었다. 그러다 1882년 프록터앤갬블(P&G)사가 물에 뜨는 비누, '아이보리(Ivory)'를 출시하였다. 강에서도 잃어버릴 염려가 없는 이 비누는 대히트를 기록하였고, P&G사는 덕분에 세계적인 생활용품 업체로 자리 잡게 되었다.

그런데 이 비누의 발명은 전혀 의도한 것이 아닌 실수에서 비롯되었다. 비누원료 배합기를 담당하는 직원이 점심 식사를 하러 가며 기계 스위치 끄는 것을 깜빡 잊는 바람에 비누에 너무 많은 공기가 주입되어 버린 것이다. 이렇게 '실패'한 비누는 품질의 차이는 없는 반면 물에 뜨는 훌륭한 특성을 갖게 되었고, 공전의 히트를 기록하며 지금까지도 판매되고 있는 '성공'한 제품이 되었다.

만약 P&G 직원이 저 사실을 숨겼다면 어떻게 됐을까? 또 상급자가 직원을 나무라기만 하였으면 어떻게 되었을까?

우리 아이들이 실수를 하였을 때 무조건 나무라지 않아야 하는 이유가 여기 있다. 창의는 '머리'가 아니다. 다른 것과 연결하는 능력이다. 실수나 실패를 하지 않는 아이들은 무언가 새롭게 연결하려는 시도조차를 안 하기 때문일 수도 있다. 실수한 아이들에게 왜 그랬는지 물어보고 격려하여 발전시키는 것이 부모의 역할이 아닐까.

32.
엄마, 왜 물은 얼면 부피가 커져요?
(날씨가 추우면 왜 수도계량기가 터져요?)

🧒 리원아~. 아까 엄마가 음료수 냉장고에 넣어놨는데 노래방 가서 먹게 꺼낼래?

👦 네. 여기요. 아이 차가워.

🧒 아이고, 얼어버렸네... 호텔 냉장고가 왜 이리 세니.

👦 엄마 그런데 왜 이렇게 캔이 빵빵해졌어요?

🧒 왜 그러냐면, 물은 얼음이 되면 물일 때보다 부피가 10% 정도 늘어나거든.

👦 아, 그래서 그렇게 뚱뚱해진 건가요?

🧒 응. 맞아. 그리고 여기에는 우리가 지구에 살 수 있는 신비한 비밀이 숨어 있어.

👦 어떤 비밀이요?

🧒 엄마가 음료수 줄 때 얼음을 넣으면 얼음이 어떻게 됐었지? 가라앉아? 아니면 떠?

👦 음... 얼음은 항상 물 위에 떠있었던 것 같은데요?

🧒 그래 맞아. 물이 얼음이 되어 부피가 늘어나면 밀도가 낮아지니 결국 가벼워져서 물 위에 뜨게 돼.

👦 네.

🧒 즉, 날씨가 0도에 가깝게 내려가서 물이 차가워지면 찬물이 오히려 가벼워져서 위로 올라와서 언다는 거지. 그래서 겨울이 되면 바다나 강이 아래서부터 어는 것이 아니고 위에서부터 얼게 돼.

👦 네. 그런데 이게 신비한 비밀이에요?

🧒 응. 만약 반대로 물이 얼음이 될 때 부피가 작아진다면 무거워져서 바다나 강 아래로 내려가서 아래쪽부터 얼게 되겠지?

👦 네.

🧒 물 깊은 곳은 햇빛을 받기 어려우니 여름이 되어도 녹지 않고 있고, 결국 지구의 바다 속은 얼음이 깊게 덮여서 물고기나 생명체가 살기 어려워져.

👦 아, 불쌍한 물고기...

🧒 물고기뿐이 아니야. 여름에 물놀이가면 땅이 더 뜨거워, 물이 더 뜨거워?

👦 그야 당연히 땅이지요. 바다나 수영장 안에 들어가면 시원하잖아요.

32. 엄마, 왜 물은 얼면 부피가 커져요? (날씨가 추우면 왜 수도계량기가 터져요?) 195

- 그렇지? 그렇게 물이라는 것은 땅보다 온도를 일정하게 유지해. 여름에는 덜 뜨겁고, 겨울에도 덜 차가워.

- 그래요?

- 응. 지구의 70%가 물인데, 이 물 덕분에 지구의 온도가 일정하게 유지되는 거야. 만약 이 물이 얼음으로 바뀐다면 지금보다 여름은 훨씬 더워지고 겨울에는 훨씬 추워지지. 지구의 온도가 이렇게 급격히 변하면 인간과 많은 생명체들이 살 수가 없어져.

- 아... 그런 깊은 뜻이...

- 그리고 물이 표면부터 얼어야 스케이트도 타는데 그렇지 않으니 스케이트도 못 타고...

- 아... 그런 비극이... 물이 얼면 부피가 늘어나는 게 정말로 다행스런 일이네요?

- 응. 맞아. 그런데 그만큼 불편한 일을 감수해야 해. 지난 겨울에 우리 집 수도가 터져서 물 안 나왔던 것 기억해?

- 네. 기억나요. 뉴스에서 수도계량기 동파를 조심하라고 했었는데 바로 우리 집에서 그랬죠.

- ㅡ; 그랬지. 그게 이 이유야.

- 그래요?

- 응. 수도관에 들어가 있는 물이 언다고 생각해보자. 어떻게 되겠니?

- 물이 얼음이 되면 부피가 커지니 수도관도 뚱뚱해지겠네요?

- 맞아. 그게 심해지다 보면 결국 수도관이 터지게 되는 거야.

- 와~. 그 힘이 대단하네요?

- 응. 수도관이 쇠니까 터지지 않을 것 같지만 얼음이 얼어서 생기는 부피의 팽창이 보통 힘이 아니거든. 그래서 수도관 중에 약한 부분이 있으면 터지게 돼.

- 그런데 왜 수도계량기가 주로 터지는 거에요?

🧑 대부분 수도관은 벽 속에 있어서 그 속의 물이 잘 얼지는 않아. 그런데 수도계량기는 우리가 수돗물을 얼마나 많이 사용하는지 눈금을 확인하기 위해서 외부에 있는 경우가 많아. 그러다 보니 가장 취약한 곳이 바로 수도계량기 부분이어서 그래.

👦 네. 그렇게 잘 아시는데 우리 집은 왜 맨날 계량기가 터질까...

👩 - -+ 빨리 노래방이나 가자...

 보다 자세한 설명

1. 물이 얼면 부피가 커지는 이유

물질은 대부분 액체에서 고체가 되면 분자 사이의 거리가 줄어들면서 부피가 작아진다. 액체 상태에 있던 분자들이 퍼져 있다가 차곡차곡 쌓여서 고체 분자를 형성하기 때문이다. 그런데 물은 고체인 얼음이 되면 오히려 부피가 증가한다. 얼음의 분자구조는 가운데에 공간이 있는 육각형의 형태이기 때문이다. 이렇게 물이 얼면서 분자들이 쌓일 때 가운데에 빈 공간이 생겨서 액체 상태인 물일 때보다 오히려 부피가 커지게 된다.

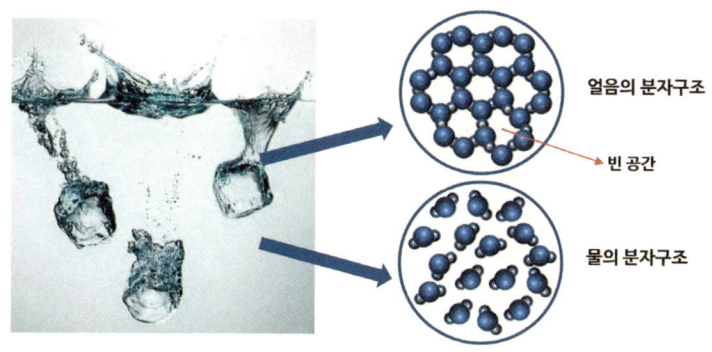

〈그림〉 얼음과 물의 분자구조

2. 얼음의 팽창이 우리에게 어떤 영향을 미칠까?

1) 표면부터 물이 언다! 그래서 우리가 존재한다!

물은 온도가 내려가면서 부피가 감소한다. 부피가 감소한다는 것은 밀도가 높아지면서 찬 물은 아래로, 따뜻한 물은 위로 올라가게 되는 것을 의미한다. 즉, 대류를 하게 되는 것이다. 그러다가 3.4도를 기점으로 그보다 더 온도가 떨어질수록 물의 부피가 커지므로 밀도가 작아져서 찬물이 위로 모이게 된다. 이때 기온이 더 떨어지면 표면부터 물이 얼게 된다. 즉, 얼음은 물보다 가볍다.

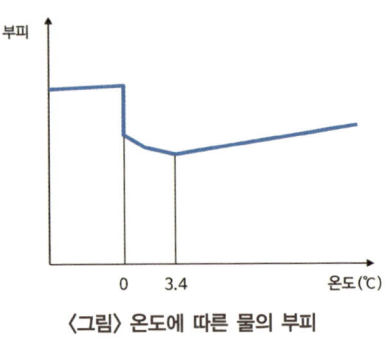
〈그림〉 온도에 따른 물의 부피

이것이 무슨 영향이 있을까? 만약 얼음의 부피가 물보다 작다고 생각해보자. 바다에서 물이 얼면 부피가 작아지니 밀도가 높아져서 얼음이 물 아래로 내려간다. 물 아래로 내려가면 물 아래는 더욱 열이 전달되기 어려우니 얼음 상태로 영원히 남아있게 된다. 결국, 지구상의 모든 바다 안에는 깊은 얼음이 존재하고, 그 안에는 생물이 살 수 없게 되며 바닷물이 갖고 있는 열저장 기능은 사라지게 될 것이다. 그렇게 되면? 지구는 밤낮, 계절의 변화에 따라 온도의 변화가 크게 될 것이고, 우리는 지금 이렇게 존재하고 있을 수 없다.

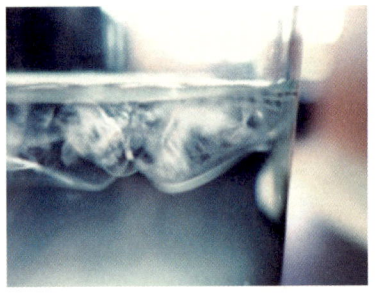

2) 냉각수의 동결

자동차를 비롯한 각종 기계들은 엔진 등에서 발생하는 열을 식히기 위해서 냉각수를 사용한다. 그런데 이 냉각수가 얼면 어떻게 될까? 당연히 냉각수 관이 터지거나 하는 문제는 차치하고 그렇게 되면 해당 엔진 등을 사용할 수 없으므로 큰 문제가 생긴다. 영하의 날씨에 자동차를 못 움직이면 어떻게 될 것인가? 그런데 우리는 영하의 날씨에도 자동차를 움직이는데?

자동차의 냉각수는 일반 물과 달리 어는점이 0도가 아니라 훨씬 아래에서 언다. 냉각수는 부동액과 물의 비율에 따라 그 어는점이 달라지는데, 부동액과 물의 비율을 1:1로 섞으면 영하 37도, 7:3으로 섞으면 영하 64도까지 어는점이 내려간다. 영하 20도 이하로는 거의 내려가지 않는 우리나라에서 냉각수는 3:7이나 4:6 정도로만 섞어도 된다. 우리가 과학자, 공학자들에게 고마워해야 하는 것이 이렇게 한두 가지가 아니다.

33.
엄마, 왜 가끔 스피커에서 '삐익' 소리가 나요?

- 와~. 우리 리원이 노래 완전 잘하는데? 완전 감동이다.
- 헤헷. 오랜만에 노래방에 왔더니 이제 좀 몸이 풀리네요.
- 역시 우리 아들이다. 무대 매너도 짱!
- 이제 엄마 차례에요. (삐익~~~) 아이 시끄러워.
- 어으~. 이런 '하울링' 정말 싫어.
- 하울링이요?
- 응. 하울링(howling) 하면 '윙윙거리는, 으르렁거리는'이라는 뜻을 갖고 있는데, 방금처럼 엄청 시끄럽기 때문에 그런 이름이 붙었어.
- 이런 하울링은 왜 생기는 거예요?
- 사실 리원이가 아까 잘못했기 때문이지.
- 응? 제가요?
- 리원이가 아까 엄마한테 마이크를 갖다 주면서 마이크가 스피커 쪽을 향했거든. 그래서 그런 소리가 났어.
- 왜 마이크를 스피커에 대면 그렇게 돼요?
- 일단, 마이크는 소리를 받아서 전기신호로 바꿔주는 장치고, 스피커는 그 전기신호를 크게 하여 다시 우리가 들을 수 있도록 소리를 만들어주는 장치야. 알지?
- 네. 그래서 마이크에 소리를 내면 스피커에서 크게 나오는군요.
- 그렇지. 그런데 마이크를 스피커에 대면 마이크에 들어가는 소리가 스피커로 나오고, 그 소리가 다시 마이크로 들어가서 스피커로 나오고 그렇게 되겠지?

〈그림〉 마이크와 스피커의 피드백

- 네.
- 그래서 바로 그런 굉음이 나오게 되는 거야.
- 왜 그렇지요? 잘 모르겠어요.
- 어떤 두 사람이 싸울 때 볼까? 처음에는 조용한 목소리로 서로 얘기하다가 점점 목소리가 커져. 그러다가 누군가 상대방의 약점을 건드리면 급기야 두 사람이 엄청 큰 소리를 내며 싸우게 되지?
- 엄마랑 아빠랑 싸울 때처럼요?
- … 암튼, 바로 그런 원리야. 마이크에 1이 들어가서 스피커로 3이 나온다면, 다시 마이크에 3이 들어가서 스피커로 9가 나오고, 다시 또 그게 들어가서 27, 81… 이런 식으로 소리가 점점 커져.
- 아하~!
- 그러다가 마치 사람의 약점을 건드리면 폭발하듯이, 특정한 지점에서 크게 진동하는 순간이 생겨. 이런 걸 '공명'이라고 하는데, 그때 이런 굉음, 즉, 하울링이 발생하지.
- 그렇군요~. 공명이라…
- 참, TV에서 가수들이 노래할 때 귀에 이어폰을 꽂고 있는 것 본 적 있니?
- 네. 맞아요. 봤어요.
- 만약 마이크를 들고 있는 가수 뒤에 스피커를 설치하면 방금처럼 하울링이 발생할 수가 있어. 그래서 이걸 막기 위해 가수 앞에다가 스피커를 설치하거든. 그러다 보니 가수들은 스피커로 나오는 반주 소리를 들을 수가 없어. 그래서 이어폰으로 듣는 거야.
- 아~. 잘 알았어요. 엄마, 이제 한 곡 하셔야죠?
- 엄만 리원이 노래 듣는 게 더 좋은데? 엄마를 위해서 한 곡 더 해주련?
- 그럴까요? 제가 부른 노래에 엄마가 '감수성 폭발'하시면 이것도 공명현상인가요?
- 그렇지!!!
- 엄마, 그동안 저를 낳아주시고 키워주셔서 진심으로 감사드려요. 그동안 쑥스러워서 말씀 못 드렸네요. 엄마 덕분에 이번 여행도 너무 즐겁고 유익했어요. 엄마 아들로 태어나서 너무 행복해요.
- ㅠㅠㅠㅠㅠㅠㅠㅠㅠㅠㅠㅠㅠㅠㅠㅠㅠㅠㅠㅠㅠㅠㅠ

보다 자세한 설명

1. 공진/공명(共振/共鳴, resonance)

공진은 외부의 진동에 의해 어떤 사물이 특정 진동수(주파수)에서 큰 진폭으로 진동하는 현상을 말한다. 모든 물체는 각각의 고유한 진동수를 가지고 진동하며, 이때 물체의 진동수를 고유 진동수라고 한다. 물체는 여러 개의 고유 진동수를 가질 수 있으며, 고유 진동수와 같은 진동수의 힘이 바깥에서 주기적으로 전달되면 진폭이 크게 증가하는데 이를 공진현상이라고 한다.

공진은 힘, 소리, 빛 등 많은 종류의 진동에서 나타날 수 있으며, 이 중 소리와 관련된 음향계에서의 공진을 공명이라고 한다.

2. 공진의 예 – 타코마 다리

미국 워싱턴 주의 타코마 해협에 1940년 7월에 현수교가 개통되었다. 당시 최고의 교량 설계자에 의해 토네이도급인 초속 53m의 강풍에도 견딜 수 있게 설계된 이 다리는, 불과 4개월 만인 1940년 11월 7일에 설

〈그림〉 타코마 다리의 공진[19]

계치에 훨씬 못 미친 초속 19m의 바람에 붕괴되고 말았다. 그것도 거대한 철 구조물이 엿가락처럼 휘면서 무너졌는데 그 흔들림과 붕괴 모습이 생생하게 촬영되어 남아 있다.

---

19 https://www.youtube.com/watch?v=j-zczJXSxnw

타코마 다리의 붕괴 원인은 이후 공진현상으로 밝혀졌다[20]. 공진이란 물체는 각기 자신의 고유한 주파수를 가지고 있고, 그 고유한 주파수와 외부의 진동수가 맞아떨어진다면 그 세기에 상관없이 강한 진동이 일어나는 현상을 말한다. 즉, 다리의 고유진동수와 이 물체에 가해진 바람의 진동수가 유사하거나 같아서 다리가 무한대로 진동하여 발생한 현상이었다. 그 당시 바람이 그것보다 더욱 세게 불었거나 약하게 불었더라면 이러한 사건이 일어나지는 않았을 것이다.

3. 공진과 교육

앞서 설명한 바와 같이 공진 또는 공명은 어떤 사물에 작용하는 주기적인 외력의 주파수가 사물이 갖고 있는 고유한 주파수와 같을 때 엄청나게 큰 진동이 발생하는 현상이다. 이 물리학적인 이론을 우리 아이들의 교육에 적용해 보면 어떨까?
우리 아이들은 저마다 특기와 소질을 갖고 있다. 그 아이의 고유한 특기와 소질에 맞는 교육이 이루어질 때 비로소 아이가 재능을 십분 발휘하지 않을까? 김연아에게 골프를, 박세리에게 피겨를 강조했다면 과연 어땠을까?
부모의 역할은 매일 공부하라고 주기적으로 잔소리를 하여 아이들이 '나쁜 공진'을 하도록 하는 것이 아니다. 부모라면 우리 아이들이 갖고 있는 '고유진동수'를 찾도록 도와주고, 그에 맞는 '자극'을 '주기적'으로 주어 비로소 '좋은 공진'을 하도록 도와줘야 하지 않을까? 다시 한 번 우리 아이들의 '고유진동수'가 무엇인지 찾아보자.

---

20 최근에는 붕괴원인이 공진이 아니고 바람에 의해 다리가 계속 떨림으로 인한 피로파괴가 그 원인으로 제시되고 있기도 하다.

참고문헌

01.
궁금한 이야기 세상의 원리를 모아보자 블로그, http://eowkdtn20.blog.me
헤어드라이어 뜨거운 바람 어떻게 내보낼까, 넥스트데일리, 2010.10.27

02.
보온병은 어떻게 일정한 온도를 보관할까? 과학블로그, http://blog.daum.net/g90605/44
보온병, 나무위키
보온ㆍ보냉병 원리, 디지털타임즈, 2012.11.07.
전도, 대류, 복사, ZUM 학습백과, http://study.zum.com/book/14525

03.
전자레인지, 위키백과
전자레인지, 나무위키
식품에 대한 합리적인 생각법, 최낙언, 예문당, 2016
EMF 웹사이트, http://www.emf.or.kr

04.
전기레인지, 위키백과
인덕션레인지, 위키백과
전기레인지 제대로 알고 쓰자, 경향비즈 라이프, 2013.10.21.
위험한 가족, 전원을 끈 전기레인지에서 발생한 화재, 위기탈출넘버원, KBS, 524회, 2016.03.21

05.
100만인의 전기상식 - 알기 쉬운 전기의 세계, 송길영, 동일출판사, 2004
얼음창고서 패밀리 허브까지… '대표적 필수 가전' 냉장고 변천사, 삼성전자 뉴스룸, 2016.12.06

06.
터치스크린(touch screen), 두산백과
휴대폰에 쓰이는 저항막/정전식 터치패널과 쿼티 키패드에 대한 이해, IT동아, 2010.09.29.,
저항식 터치스크린, 위키백과
정전식 감응, 위키백과

07.
세탁기, 나무위키
한수원블로그, 세탁기의 원리, http://blog.khnp.co.kr/blog/archives/22558
디지털타임즈, 세탁기의 원리, 2006년 4월 20일자 24면 기사

08.
변기를 알면 과학이 보인다, KISTI의 과학향기, 이재인
Siphon, Wikipedia, https://en.wikipedia.gor/wiki/Siphon

09.
교통카드, 위키백과
교통카드, 나무위키
RFID, 위키백과
교통카드 종류와 숨겨진 원리, 그리고 교통카드 녹이기 실험결과!, LG디스플레이 블로그-D군의 This play, http://blog.naver.com/youngdisplay/60195942365
IC카드 전환 묘수 없다…금융당국 '진퇴양난', 연합뉴스, 2012.03.06

10.
KORAIL KTX 차량소개, http://info.korail.com

11.
(사)한국과학커뮤니케이터협회, (SC컨텐츠) 비행기와 베르누이정리, 웹진(사이누리), 2010
Fluid Mechanics, F.M. White, McGRAW-Hill, Int'l Edi.

12.
내연기관, 위키피디아
자동차&모형 블로그, http://yeomanchang.tistory.com/69

13.
아르키메데스의 원리, 두산백과
아르키메데스의 원리, 물백과사전, 네이버 지식백과
중력에 의해 생기는 부력, 윤복원, 사이언스온, 2014.05.28., http://scienceon.hani.co.kr/167566
잠수함은 어떻게 떴다 가라앉았다 할까?, 해양지식in, 한국해양과학기술원
삶의 정도, 윤석철, 위즈덤하우스, 2011

14.
헬리콥터의 회전 날개가 두 개인 이유, SAY 블로그, http://omnicast.tistory.com/135

15.
자동차&모형 블로그, http://yeomanchang.tistory.com/69
파스칼의 원리와 자동차의 제동장치, 로사리오&자동차 블로그, http://rosariostudio.com)
[자동차상식] 브레이크의 작동원리, 보배드림 사이트(http://www.bobaedream.co.kr/board/bulletin/view.php?code=bbstory&No=344)
"5월 테슬라 모델 S 사망사고, 자율주행 모드 첫 사망자", 미국 당국 발표, OSEN, 2016.07.01.

16.
국가환경방사능자료관리시스템, 한국원자력안전기술원(clean.kins.re.kr)
방사능 안전관리 정보, 식품의약품안전처
방사능, 위키백과
방사능 피폭 수십 년 후 발생 위험이 큰 질병, 뉴시스, 2011.03.15.

17.
반트호프가 들여주는 삼투압 이야기, 송은영, 자음과 모음, 2008
K-Water 공식 블로그 맛있는 수다, http://www.blogkwater.or.kr/1729
삼투압, 두산백과

18.
이건블로그, http://www.eagonblog.com
'곰팡이의 습격', MBC뉴스플러스, 2011.12.29.

19.
"이건 몰랐지? - 음주측정기의 원리", Daum 백과
충북경찰 블로그, http://cbpolice.tistory.com

20.
승강기 정보, 한국승강기안전공단, http://www.koelsa.or.kr
전기를 만드는 엘리베이터, SK에너지 블로그, http://blog.skenergy.com/1465
엘리베이터, 나무위키
오티스 엘리베이터, 위키백과

21.
하늘이 파란 이유, Cavar의 블로그, http://cavar.tistory.com/3
오락가락 변덕쟁이 가을날씨, 동아사이언스 디라이브러리, http://dl.dongascience.com/magazine/view/C200720N010

22.
"자외선차단제 바로알고 올바르게 사용하세요", 식품의약품안전평가원, 2014년 5월
자외선, 두피디아
자외선차단제, 위키백과, https://ko.wikipedia.org/wiki/자외선차단제
비타민D, 위키백과, https://ko.wikipedia.org/wiki/비타민D

23.
리모컨의 비밀, 눈이 즐거운 물리 블로그,
http://phys.pe.kr/90121178452
[이덕환의 과학세상] 리모컨의 원리, 디지털타임스, 2005.07.26.

24.
대기압, 위키백과

25.
단풍, 다음백과, http://100.daum.net/encyclopedia/view/b04d2171a
광합성, ZUM 학습백과, http://study.zum.com/book/14054
나무는 왜 단풍이 들고 낙엽이 지는 거지? 한국경제신문, 2008.11.17.

26.
계절 변화의 원인, ZUM 학습백과, http://study.zum.com/book/12182
지구공전과 계절변화, https://www.youtube.com/watch?v=dzKrOm60UXI

27.
카메라의 구조와 원리, 분류, http://badalove.net/tt/1350
조리개값이 만들어 내는 사진의 묘미, 출사코리아
F값, 위키백과
혁신기업의 딜레마, C. M.크리스텐슨, 이진원 역, 세종서적, 2009
코닥 · 노키아의 몰락… '달콤한 관성' 깨지 못하면 파괴당한다, 한국경제, 2016.08.05

28.
과속 차량 꼼짝마 – 스피드건의 원리, KISTI의 과학향기, 한겨레 IT과학, 2004.11.01.
무인카메라 단속을 피하는 지혜, 정보의기술 블로그, http://ekorea.tistory.com/1894
도플러효과, 다음백과
도플러효과, 나무위키

29.
이성주, 인체의 신비, 살림, 2003, ISBN 89-522-0119-1
혈액, 위키백과, https://ko.wikipedia.org/wiki/혈액

30.
혈액형, 위키백과, https://ko.wikipedia.org/wiki/혈액형
수혈의학강의록, 서울아산병원 혈액은행
혈액형과 성격의 연관관계, 장익순 한국기초과학지원연구원 선임연구원, 디지털타임스 과학칼럼, 2008.09.26.
"B형보다 O형이 더 좋다고? 당신 속았어", 서울신문, 2011.04.26

31.
계면활성제, 위키백과
계면활성제, 물백과사전

32.
물이 얼면 왜 부피가 커질까요?, 과목별 학습백과 과학원리 초등, 천재교육 편집부
물은 알고 있다 – 지구의 비밀을, KISTI의 과학향기, 유병용

33.
공명, 위키백과, http://ko.wikipedia.org/wiki/공명
CU뮤직블로그, http://blog.naver.com/csmusic2/220346214701
Tacoma Narrows Bridge Collapse 동영상,
https://www.youtube.com/watch?v=j-zczJXSxnw